AF555374

Delpech

# ENCYCLOPÉDIE-RORET

NOUVEAU

RÉGULATEUR

# DES HORLOGES,

DES MONTRES

ET DES PENDULES.

## AVIS.

La bonté des ouvrages de l'*Encyclopédie-Roret*, leur a fait obtenir les honneurs de la traduction, de l'imitation et de la contrefaçon; pour distinguer ce volume, il portera à l'avenir la véritable signature de l'éditeur.

MANUELS-RORET.

NOUVEAU

# RÉGULATEUR DES HORLOGES, DES MONTRES ET DES PENDULES;

OUVRAGE MIS A LA PORTÉE DE TOUT LE MONDE, ET ORNÉ DE FIGURES;

PAR MM. BERTHOUD ET L. JANVIER.

PARIS,
A LA LIBRAIRIE ENCYCLOPÉDIQUE DE RORET,
RUE HAUTEFEUILLE, N° 10 BIS.
1838.

# PLAN

## DE CET OUVRAGE.

---

On croit communément que, dès que l'on a fait l'acquisition d'une montre, et qu'on l'a une fois mise à l'heure, il ne s'agit plus que de la remonter chaque jour, et qu'elle doit dès lors marcher avec une justesse constante, sans qu'il soit besoin d'y toucher. Il y a même des personnes qui prétendent que ces machines doivent aller comme le soleil; d'autres enfin qui croient que leurs montres s'étant rencontrées deux fois avec le méridien, elles vont en effet comme le soleil. Mais les uns et les autres sont bien éloignés de sentir l'impossibilité de ce qu'ils exigent; car, pour peu qu'ils connussent cet objet; ils verraient : 1° Que les montres ne peuvent marcher constamment juste ;

2° Que le mouvement du soleil est variable, puisque cet astre marche tantôt d'un mouvement accéléré, et tantôt d'un mouvement plus lent ;

3° Qu'en supposant qu'on parvînt à faire aller les montres aussi bien que la meilleure pendule à secondes (ce qui est très impossible), elles ne pourraient ni ne devraient suivre les écarts du soleil.

J'ai donc cru qu'un ouvrage où l'on exposerait le plus brièvement possible, quelques-unes des causes qui s'opposent à la justesse des montres (ce qu'on doit attendre de ces machines), la manière de les conduire, etc., deviendrait utile au public.

Il ne serait pas moins utile aux horlogers, puisque les peines qu'ils se donnent pour faire de bonnes montres, sont en pure perte, si ceux à qui ils les vendent ne savent pas les conduire.

Ce sont ces considérations qui m'ont fait entreprendre cet Ouvrage. Pour parvenir à ce but, j'ai commencé par définir ce qu'on entend par *temps vrai* et *temps moyen*, termes fort en usage; le premier pour désigner le temps qui est mesuré par le soleil, le second, par une bonne pendule. J'ai donné la description d'une pendule et d'une montre, et pour aider à mieux entendre ce que j'ai dit sur leur mécanisme, j'ai fait graver avec soin les principales pièces de ces machines.

J'ai fait voir que le mouvement du soleil est variable, et ne peut servir à régler les pendules et les montres, que dans le cas où on fera abstraction de ses écarts; et que ces machines ne peuvent suivre naturellement que le temps moyen, et que par conséquent, une pendule ou une montre qui irait comme le soleil, varierait.

On fait cependant des pendules qui marquent le *temps moyen* et le *temps vrai*, on les appelle pendules à équation; elles ne marquent le temps vrai que par artifice. On a fait aussi quelques montres à équation, mais la plupart fort compliquées et peu exactes.

J'ai rendu raison de quelques causes des variations des montres; de la manière de juger de leur justesse; en quoi une montre qui va juste diffère de celle qui est réglée et de celle qui varie.

Comme il est nécessaire que chaque personne se donne la peine de conduire et de régler sa montre, j'ai expliqué chaque attention et opération à mettre en usage.

Le passage du soleil par le méridien étant la mesure la plus naturelle du temps et la plus facile pour comparer et régler les montres et les pendules, j'ai donné des méthodes aisées pour faire usage des tables des variations du soleil, qu'on nomme Tables d'*équations*.

J'ai expliqué comment il faut tracer des lignes méridiennes, propres à régler les pendules et les montres.

On trouvera aussi quelques moyens propres à mettre en usage pour acquérir de bonnes montres et pendules, et pour conserver ces machines. Enfin, j'ai rassemblé dans un seul article tous les soins qu'il faut prendre pour bien conduire et régler les montres et les pendules; il sera utile à ceux qui voudront se dispenser de lire le reste de ce livre.

Je n'ai rien négligé pour remplir

l'objet que je me suis proposé, en publiant ce petit Ouvrage, qui est d'instruire ceux qui n'ont aucune notion des machines qui mesurent le temps, et de leur apprendre la manière de les gouverner. Je n'ai pas voulu entrer ici dans de trop grands détails sur la partie scientifique de l'horlogerie, crainte de devenir trop long et trop abstrait, et de rebuter ceux qui voudront seulement s'amuser à prendre une idée de cet art. J'ai traité les diverses parties de l'art de la mesure du tems dans mon *Essai sur l'Horlogerie.*

---

# L'ART

DE

## CONDUIRE ET DE RÉGLER

# LES PENDULES

## ET LES MONTRES.

## ARTICLE PREMIER.

### De la division du temps : ce que c'est que le Temps vrai et le Temps moyen.

Le temps qui s'écoule depuis le passage du soleil au *méridien* (*), jusqu'à son retour au même méridien, est celui que les astronomes appellent *jour naturel* ou *solaire.*

(*) On appelle *méridien* un plan ABCD (*pl. IV*, *fig.* 3), qui est tellement disposé que lorsque, chaque jour, le soleil est parvenu au point de sa plus grande élévation ou hauteur au-dessus de l'horizon, l'ombre de la plaque E du style FE est divisée en deux parties égales par la ligne FM. On appelle *méridienne* la ligne FM, et *midi* l'instant où l'ombre du style E est partagée par la méridienne. La ligne du midi d'un cadran solaire a les mêmes propriétés que la méridienne.

Le jour se divise en 24 parties égales qu'on appelle *heures*; l'heure se divise en 60 parties appelées *minutes*; et la minute se divise en 60 parties qu'on appelle *secondes* : un jour contient donc 1440 minutes, l'heure 3600 secondes, et un jour contient 86400 secondes.

Tous les jours de l'année ne sont pas exactement de 24 heures; car tantôt le soleil emploie 24 heures et quelques secondes depuis le midi d'un jour au midi suivant, et tantôt 24 heures moins quelques secondes depuis le midi d'un autre jour au midi suivant, etc. Le mouvement du soleil est donc variable, ainsi qu'il est aisé de s'en convaincre. Car si l'on a une bonne pendule à secondes dont le mouvement soit uniforme, et qui soit tellement réglée, qu'après avoir été mise avec le soleil un jour quelconque, elle marque autant de fois midi que le soleil, et qu'au bout d'un an à pareil jour le midi de la pendule se rencontre avec celui du soleil, alors on verra que dans les autres jours de l'année, la pendule marquera midi, tantôt avant et tantôt après celui du soleil : or puisque la pendule est supposée se mouvoir d'un mouvement uniforme, il faut nécessairement que la différence des deux midi soit causée par la variation du soleil. Si l'on a donc une pendule telle que nous venons de le dire; que le 23 décembre on la mette 4 secondes en retard sur le soleil, nous allons rapporter les différences qu'il y aura entre les deux midi pendant le cours de l'année.

Le 24 décembre, le midi du soleil retardera de 30 secondes sur le midi de la pendule; et cet écart ira toujours en augmentant jusqu'au 11 février, jour auquel le midi du soleil retardera de 14 minutes 44 secondes sur celui de la pendule; depuis le 11 février, ce retard ira en diminuant jusqu'au 14 avril; ce jour-là, le midi du soleil et celui de la pendule seront ensemble : le 15 avril, le midi du soleil avancera de 9 secondes, et il continuera ainsi à avancer jusqu'au 10 mai, où il sera en avance de 3 minutes 59 secondes; le midi du soleil se rapprochera insensiblement de celui de la pendule jusqu'au 15 juin; les deux midi seront de nouveau ensemble ce jour. Le 16 juin, le soleil retardera de 8 secondes sur la pendule, et continuera ainsi à retarder de plus en plus jusqu'au 25 juillet, que le midi du soleil sera en retard de 5 minutes 56 secondes sur le midi de la pendule ; ce retard ira en diminuant jusqu'au 31 août, que le midi du soleil et celui de la pendule seront ensemble. Enfin le premier septembre, le soleil avancera de 27 secondes sur le midi de la pendule, et continuera ainsi à avancer de plus en plus jusqu'au premier novembre : il avancera ce jour de 16 minutes 9 secondes ; dès lors il avancera de moins en moins, de sorte que les deux midi seront de nouveau ensemble le 23 décembre.

Les différences qu'on aura aperçues entre le midi de la pendule et celui du soleil prouvent donc l'inégalité des jours et des heures qui sont mesurés par le soleil. C'est par cette raison que les astronomes ont été obligés d'imaginer des jours *fictifs* tous égaux entre eux et moyens proportionnels entre le plus long et le plus court des jours inégaux. Pour déterminer ces jours, ils ont pris le nombre d'heures dont la révolution annuelle du soleil est composée, et ils ont divisé le temps total de ces heures inégales en autant de parties qu'il y a d'heures, dont 24 sont un jour; de sorte que les heures qu'ils ont trouvées par cette méthode, sont parfaitement égales entre elles, et sont tantôt plus longues et tantôt plus courtes que celles du soleil : telles sont les heures marquées par la pendule supposée.

On appelle *temps moyen* celui qui est ainsi réduit à l'égalité ; c'est le même qui est marqué par la pendule comparée comme nous venons de le dire.

Le temps qui est mesuré par le méridien, c'est-à-dire par le midi du soleil, est celui qu'on appelle le *temps vrai*; et l'on appelle *équation du temps*, la différence que l'on aura vue chaque jour entre le midi du soleil et celui de la pendule; c'est-à-dire que l'équation est la différence du temps vrai au temps moyen.

Les astronomes ont dressé des tables qui marquent pour tous les jours de l'année la différence du midi du soleil au midi de la pendule, c'est-à-dire du temps vrai au temps moyen. C'est d'après ces tables, qu'on nomme *tables d'équations*, que j'ai dressé celles qu'on trouvera à la fin de cet Ouvrage.

Je ne m'arrêterai pas ici à expliquer les causes des variations du soleil; il suffit d'avoir fait connaître qu'il varie, et de donner des tables de ses écarts. Ceux qui désireront s'instruire de ces causes, peuvent consulter les ouvrages qui traitent de l'Astronomie.

Au reste, il est bon d'observer ici que, quoique le soleil varie, on peut se servir des méridiens et de la ligne de midi des cadrans solaires, pour régler les pendules et les montres sur le temps moyen, ce qui devient facile, dès que l'on sait combien le temps vrai varie chaque jour par rapport au temps moyen. C'est à cet usage que sont destinées les tables d'équations, ainsi que nous l'expliquerons article XI. On peut se servir de ces tables pendant 30 ou 40 ans, sans erreur sensible.

## ARTICLE II.

### Explication du Mécanisme d'une Pendule : comment elle mesure le temps.

Les pendules et les montres sont des machines tellement disposées, que les roues à dents qui en font une partie essentielle, font leurs révolutions d'un mouvement uniforme, et que les aiguilles portées par les axes (*) ou essieux de ces roues, marquent les parties du temps sur un cadran divisé en parties égales. Nous allons expliquer, le plus simplement que nous pourrons, comment on dispose ces machines pour mesurer le temps par leur moyen.

La première figure de la première planche représente le profil d'une pendule : P est un poids suspendu par une corde qui s'enveloppe sur le cylindre ou tambour C, fixé sur l'axe

(*) J'appelle *axe* les pièces d'acier sur lesquelles on fixe les roues, pour y pouvoir tourner comme sur leur centre.

*aa*, dont les parties *b*, *b*, qu'on nomme *pivots*, entrent dans des trous faits aux *platines* TS, TS, dans lesquels ils tournent. (Ces platines sont deux plaques de cuivre qui sont assemblées par quatre piliers ZZ : cet assemblage s'appelle *cage.*)

L'action du poids P tend nécessairement à faire tourner le cylindre C, en sorte que s'il n'était pas retenu, sa vitesse se ferait d'un mouvement accéléré semblable à celle qu'aurait le poids P, s'il tombait librement; mais ce cylindre porte une roue RR dentée à *rochet;* le côté droit de ces dents arc-boute contre une pièce qu'on nomme *cliquet*, laquelle est attachée avec une vis après la roue DD, comme on le voit dans la *figure* 2, de sorte que l'action du poids se communique à la roue DD. Les dents de cette roue entrent dans l'intervalle des dents qui sont formées sur la petite roue *d*, et tellement qu'elles l'obligent à tourner sur ses pivots *cc*. (On appelle *engrenage*, cette communication des dents d'une roue avec une autre; et on appelle *pignon* une petite roue comme celle *d*. En général un pignon est d'acier, et formé sur l'axe même.)

La roue EE est fixée sur l'axe du pignon *d*; ainsi le mouvement imprimé par le poids à la roue DD, est transmis au pignon *d*, et par conséquent à la roue EE; celle-ci engrène dans le pignon *e*, qui porte la roue FF, laquelle engrène et communique sa force au pignon *f*, sur l'axe duquel est fixée la roue à couronne GH, qu'on appele *roue de rencontre*; les pivots du pignon *f* ne tournent pas dans les trous faits aux platines mêmes, comme ceux des autres roues; mais ils tournent dans les trous faits aux pièces, L, M, attachées perpendiculairement à la platine TDS. Enfin le mouvement imprimé par le poids, est transmis de la roue GH à la pièce IK, qui communique elle-même sa force à la pièce AB, par le moyen de la branche UX. On appelle *pendule* cette pièce AB dont le crochet, situé en A, est suspendu au fil A. Le *pendule* AB peut décrire autour du point A, des arcs de cercle allant et revenant alternativement sur lui-même : si donc on pousse ce pendule et qu'on l'écarte de son point de repos, la pesanteur de la *lentille* B le fera revenir sur lui-même, et il continuera ainsi à faire des allées et venues, jusqu'à ce que la résistance de l'air sur la lentille et la résistance du fil aient détruit la force qu'on avait imprimée, et qu'ainsi le pendule s'arrête; mais comme il arrive qu'à chaque allée et venue du pendule, les dents de la roue de rencontre GH agissent tellement sur les *palettes* I, K (*); qu'après qu'une dent H a imprimé sa force à la palette K, celle-ci permet à la dent de s'échapper; alors la dent G, diamétralement opposée, agit à son tour sur la palette I, et s'échappe ensuite. Ainsi chaque dent de la roue s'échappe des palettes I, K, après leur avoir communiqué son mouvement, en sorte que le pendule, au lieu de s'arrêter, continue de se mouvoir et les roues de tourner.

La roue EE fait une révolution par heure; le pivot *c* de cette roue passe à travers la platine, il est prolongé jusqu'en *r*; sur ce pivot, entre à force un canon qui porte la roue NN; ce canon sert à porter, par son extrémité *r*, l'aiguille des minutes; la roue N engrène dans la roue O, qui porte un pignon *p*, lequel en-

(*) Les pivots portés par l'axe des palettes roulent dans les trous faits aux talons *st*.

grène dans la roue *qq*, fixée sur un canon qui roule sur celui de la roue N. La roue *q* fait 1 tour en 12 heures; son canon sert à porter l'aiguille des heures.

Il suit, 1° de ce que nous venons de dire ci-dessus, que le poids P fait tourner les roues et qu'il entretient le mouvement du pendule; 2° que la vitesse des roues est déterminée par celle du pendule; 3° que les roues servent à indiquer les parties du temps divisé par le pendule.

On appelle *moteur*, le poids P ou agent quelconque qui entretient le mouvement des roues et du pendule.

On appelle *régulateur*, la lentille ou pendule AB, dont le mouvement règle la marche des roues.

On nomme *vibration*, le mouvement que fait le pendule pour aller de droite à gauche, ou pour revenir de gauche à droite; on voit ce pendule se mouvoir de la sorte, lorsque la pendule est vue en face; car la pendule étant de profil comme dans la première figure, on voit le pendule se mouvoir dans un même plan; ainsi on n'aperçoit presque pas son mouvement.

On nomme *rouage*, les roues et pignons qui tournent dans l'intérieur de la cage, et communiquent le mouvement au pendule.

On nomme *échappement*, l'espèce d'engrenage que font les dents de la roue GH avec les palettes IK.

On nomme *roue d'échappement*, la roue GH, et *piéce d'échappement*, la pièce IKXU.

Lorsque la corde qui suspend le poids P est entièrement développée de dessus le cylindre, on se sert d'une clé pour remonter ce poids; cette clef entre sur le quarré Q, et en la tournant du côté opposé à la descente du poids, on enveloppe de nouveau la corde sur ce cylindre. Pour cet effet, le côté incliné des dents du rochet R, *figure* 2, écarte le cliquet mobile C, en sorte que pendant tout le temps que l'on remonte le poids, le rochet R tourne séparément de la roue D; mais aussitôt qu'on cesse de suspendre et d'élever le poids, celui-ci agit sur le rochet dont les côtés droits des dents arc-boutent de nouveau contre le bout du cliquet, ce qui oblige la roue D de tourner avec le cylindre; le ressort A sert à faire rentrer le cliquet dans les dents du rochet.

Il nous reste maintenant à expliquer comment on détermine la roue E, dont l'axe porte l'aiguille des minutes, à faire une révolution précisément en une heure, et comment on fait aller une pendule plus ou moins de temps. Pour cela, il faut savoir que les vibrations d'un pendule sont d'antant plus lentes que le pendule est plus long : en sorte qu'un pendule qui a 3 pieds 8 lignes et demie de A en B, figure première, fait 3600 vibrations par heure, c'est-à-dire que chaque vibration est d'une seconde (on l'appelle, pour cette raison, *pendule à secondes*), tandis qu'un pendule qui a 9 pouces 2 lignes et un quart fait 7200 vibrations par heure, ou deux vibrations par secondes. On donne le nom de *pendule à demi-secondes* à celui-ci.

On voit donc qu'il est nécessaire, lorsqu'on veut déterminer une roue à faire une révolution en un temps donné, de considérer le temps des vibrations du régulateur qui doit en régler la marche. Supposant donc que le pendule AB fait 7200 vibrations par heure, nous allons voir comment la roue E restera une heure à faire un tour, ce qui dépend du nombre de dents des roues et pignons. En donnant 30 dents à la roue de rencontre, elle fera un tour pendant que le pendule fera 60 vibrations; car à chaque tour de la roue une même dent agit une fois sur la palette I, ce qui fait faire deux vibrations au pendule. Ainsi la roue ayant 30 dents, elle fait faire 2 fois 30 vibrations, qui fait 60. Il faudra donc que cette roue fasse 120 tours par heure, puisque 60 vibrations qu'elle fait faire à chaque tour sont contenues 120 fois dans 7200 vibrations que le pendule fait en une heure. Maintenant, pour déterminer le nombre des dents des roues E, F, et de leurs pignons *e*, *f*, il faut remarquer qu'une roue E fait d'autant plus faire de tours à son pignon *e*, pendant qu'elle en fait un, que le nombre de dents du pignon est contenu un plus grand nombre de fois dans celui des dents de la roue; car supposant que la roue E porte 72 dents et le pignon *e* 6, le pignon *e* fera 12 tours pendant que la roue en fera un, ce qui est évident, car chaque dent de la roue fait avancer une dent de pignon : ainsi, lorsque le pignon a avancé de six dents, ce qui fait sa révolution, la roue E n'a avancé que de six dents. Or, pour que la roue achève sa révolution, il faut qu'elle avance encore de 66 dents, lesquelles feront avancer 11 fois 6 dents du pignon, c'est-à-dire qu'elles lui feront faire 11 tours, qui, joints à un qu'il a fait, donne 12 révolutions du pignon pour une de la roue : par les mêmes raisons, la roue F ayant 60 dents et le pignon *f* 6, elle fera faire 10 tours à ce pignon. Or la roue F, portée par le pignon *e*, fait 12 tours pour un de la roue E; le pignon *f* fait donc 10 tours pour un de la roue F : le pignon *f* fait donc 12 fois 10 tours pour un de la roue E, ce qui donne 120; mais la roue G, qui est portée par le pignon *f*, fait faire 60 vibrations au pendule, à chaque tour qu'elle fait; Cette roue G fait donc faire 60 fois 120 vibrations au pendule, tandis que la roue E fait une révolution, ce qui fait 7200, qui est le nombre de vibrations que fait le pendule en une heure; la roue E reste donc une heure à faire une révolution : on raisonnera de même pour tous les autres cas.

La roue E, faisant une révolution en une heure, on trouvera facilement combien une telle machine pourra marcher sans remonter; car si la roue D a 80 dents et que le pignon *d* en ait 10, la roue D fera un tour pendant que le pignon en fera 8 ; ainsi cette roue D restera 8 heures à faire une révolution; si donc la corde fait trois tours sur le cylindre C, le poids P restera 24 heures à descendre ; si elle est enveloppée de six tours, le poids restera deux jours, et ainsi de suite. Mais si l'on suppose que la roue D a 96 dents, et que le le pignon *d* en a 8, alors cette roue restera 12 heures à faire un tour; ainsi la corde étant enveloppée 16 fois sur le cylindre, la pendule ira 8 jours; enfin si l'on ajoutait une roue et un pignon ou rouage de la pendule, et que la roue D, au lieu d'engrener dans le pignon *d*, engrenât dans ce pignon *ajouté*, et que la roue portée par ce pignon engrenât dans le pignon *d*, alors on aurait une pendule qui irait beaucoup plus de tems qu'elle ne faisait auparavant; car la roue *ajoutée* ayant, je suppose; 96 dents, et le pignon *d* 8, cette roue resterait 12 heures à faire un tour; et le pignon ajouté ayant 8 dents, et la roue D 80, ce pignon fera 10 tours pour un de la roue D. Or la roue ajoutée qui porte ce pignon fait un tour en 12 heures : la roue D restera donc 10 fois 12 heures à faire une révolution, c'est-à-dire 120 heures, qui font 5 jours; la corde étant enveloppée de 7 tours sur le cylindre, la pendule ira 35 jours sans remonter.

Il suit de là que l'on augmente le temps de la marche d'une machine, 1° en augmentant les dents des roues; 2° en diminuant le nombre de dents des pignons; 3° en multipliant les tours de la corde; enfin, en ajoutant des roues et des pignons : mais il faut observer aussi, qu'à mesure que l'on augmente le temps de la marche d'une machine, le poids ou moteur restant le même, la force qu'il communique à la roue GH diminue à proportion.

Il nous reste à parler du nombre des dents des roues qui portent les aiguilles.

La roue E fait un tour par heure; la roue NN, qui est portée par l'axe de la roue E, fait donc aussi un tour dans le même temps. Le canon de cette roue porte, comme nous l'avons dit, l'aiguille des minutes. La roue N a 30 dents, elle engrène dans la roue O, qui a aussi 30 dents, et le même diamètre; cette roue O reste donc une heure à faire un tour; elle porte le pignon *p*, qui a 6 dents; il engrène dans la roue *qq*, qui a 72 dents; le pignon *p* fait donc 12 tours, pendant que cette roue *qq* en fait un; celle-ci reste donc 12 heures à faire un tour : c'est le canon de cette roue qui porte l'aiguille des heures.

On doit observer que ce que nous venons de dire sur les révolutions des roues et le temps de la marche d'une pendule, est également applicable aux montres.

---

## ARTICLE III.

### Explication du Mécanisme de la Montre.

Les montres sont composées, ainsi que les pendules, de roues et de pignons, d'un régulateur qui détermine la vitesse des révolutions des roues, et d'un moteur qui donne le mouvement à la machine; mais le *régulateur* et le *moteur* d'une montre sont bien éloignés d'approcher de la bonté du régulateur et du moteur d'une pendule; les montres sont des machines portatives, auxquelles on ne peut pas appliquer un pendule : ce *régulateur* ne peut s'employer qu'à des machines qui sont toujours en repos. Le poids, qui est le moteur des bonnes pendules, n'est pas plus applicable aux montres que le *pendule*; on est donc obligé de substituer en place du pendule un *balancier* (*planche III*, *fig.* 5), lequel règle la marche de la montre. Et pour donner le mouvement aux roues et au balancier, on se sert du ressort (*pl. II*, *fig.* 4), qui est le moteur de la montre.

Les roues des montres tournent dans une cage formée par deux platines et quatre piliers, comme dans les pendules : la première figure de la seconde planche représente l'intérieur de la montre, lorsqu'on a ôté la platine (*fig.* 3). A est le tambour ou *barillet*, dans lequel est enfermé un ressort spiral, comme celui de la quatrième figure. Sur le tambour est enveloppée une chaîne, dont un bout tient au barillet, et l'autre à la pièce conique B, que l'on nomme *la fusée*.

Lorsqu'on remonte la montre, la chaîne

qui était sur le barillet s'enveloppe sur la fusée, et l'on tend par ce moyen le ressort; car le bout intérieur du ressort est retenu par un crochet porté par l'axe, autour duquel le barillet tourne; or cet axe est immobile. Le bout extérieur du ressort s'arrête à un crochet fixé à la circonférence intérieure du barillet; celui-ci peut tourner autour de son axe: on conçoit donc comment le ressort se tend, et comment son élasticité oblige le barillet à tourner, et par conséquent la chaîne qui est sur la fusée, à se développer et à faire tourner par ce moyen la fusée; celle-ci entraîne avec elle la roue CC, laquelle engrène dans le pignon *c*, et lui communique l'action du ressort; ce pignon *c* porte la roue D, laquelle engrène dans le pignon *d*, qui porte la roue E, qui engrène dans le pignon *e*. Celui-ci porte la roue F, laquelle engrène dans le pignon *f* (*fig.* 3), porté par les pièces A, B, qui tiennent à la platine. Cette platine, dont on ne voit qu'une partie, s'applique sur celle de la première figure; en sorte que les pivots des roues entrent dans les trous faits à la platine (*fig*, 3):

ainsi les roues se communiquent le mouvement imprimé par le ressort; et le pignon *f* engrenant pour lors dans la roue F, celle-ci l'oblige de tourner. Ce pignon porte la roue à couronne GG, *fig.* 2 et 3, qui est la roue d'échappement : cette roue agit sur les palettes, *fig.* 2 et 3. L'axe des palettes porte le balancier HH, *fig.* 2; le pivot 1 de la verge de balancier entre dans le trou *c*, fait à la pièce A, *fig.* 3. On voit dans cette figure les palettes; mais le balancier est de l'autre côté de la platine, comme on le voit dans la *fig.* 2 de la *pl. III.* Le pivot 3 du balancier entre dans le trou du coq BC (*fig.* 1.), vu en perspective (*fig.* 6): ainsi le balancier tourne entre le coq et le talon *c* (*pl. II, fig* 3), comme dans une espèce de cage. L'action de la roue d'échappement sur les palettes 1, 2, *fig.* 2, se fait de la même manière que nous l'avons fait observer par rapport à la roue d'échappement de la pendule; c'est-à-dire que dans la montre, la roue d'échappement oblige le balancier d'aller et de revenir sur lui-même, et de faire des vibrations. A chaque vibration du balancier, une palette laisse échapper une dent de la roue de rencontre, de sorte que la vitesse du mouvement des roues est déterminée par la vitesse des vibrations du balancier, et que ces vibrations du balancier et ce mouvement des roues sont produits par l'action du ressort ou moteur. Or, comme le balancier n'a pas de puissance qui détermine bien exactement la vitesse de son mouvement, et qu'elle dépend surtout de la force du moteur, il suit de là que le moteur étant un ressort, il en résulte des inégalités, comme nous le ferons voir, art. V.

La vitesse des vibrations du balancier ne dépend pas seulement de la force du grand ressort; elle est surtout déterminée par le ressort *abcd* ( *pl.* *III*, *fig.* 2 ), situé sous le balancier H, et vu en perspective, *fig.* 5; on l'appelle *spiral*. La propriété du spiral est de ramener le balancier sur lui-même, de quel côté qu'on le fasse tourner, c'est-à-dire que l'élasticité ou *ressort* du spiral fait faire des vibrations au balancier (lors même que la roue de rencontre n'agit pas sur lui), de même que la pesanteur de la lentille sert à produire les vibrations du pendule. Voici comment cela se fait : le bout extérieur du spiral est attaché au piton *a*, *fig.* 5 ; ce piton s'adapte après la platine en *a*, *fig.* 2 ; ainsi ce bout du spiral est comme fixé avec la platine : le bout intérieur du spiral est fixé par une cheville au centre du balancier : si donc on fait tourner le balancier sur lui-même, la platine restant immobile, alors le ressort se tendra, et d'autant plus, qu'on fera parcourir un grand arc au balancier. Or, si, après avoir ainsi tendu le spiral, on abandonne le balancier à lui-même, alors l'élasticité du spiral ramènera le balancier, et par une propriété du ressort, il fera aller et revenir le balancier alternativement sur lui-même, en lui faisant faire un assez grand nombre de vibrations.

La *fig.* 5 de la seconde planche représente toutes les roues de la montre dont nous avons parlé ; elles sont arrangées de manière que l'on peut voir d'un coup d'œil, comment le mouvement est communiqué depuis le barillet jusqu'au balancier.

On voit (*fig.* 6 et 7) les roues qui sont situées sous le cadran, lesquelles servent à conduire et porter les aiguilles Le pignon *a* est formé sur un canon ajusté à force sur le pivot prolongé de la roue D, *fig.* 1 et 5. Cette roue fait un tour par heure. Le bout du canon du pignon *a* est quarré, l'aiguille des minutes entre sur ce quarré; le pignon *a*, *fig.* 6, engrène dans la roue *b*, laquelle porte un pignon *c*, qui engrène dans la roue *d*, *fig.* 7 : cette roue est fixée sur un canon dont le trou entre sur celui du pignon *a*, sur lequel elle tourne librement; cette roue *d* fait un tour en 12 heures, son canon porte l'aiguille des heures.

Il me reste à expliquer ici l'effet de la fusée. Pour en sentir l'utilité, il faut savoir que la force d'un ressort augmente à mesure qu'on le tend davantage, en sorte que si le ressort, *fig.* 4, était enfermé dans le tambour A, *fig.* 5, et agissait immédiatement sur les roues, celles-ci agiraient sur le régulateur avec plus ou moins de force, selon les inégalités du moteur, et qu'ainsi ce régulateur irait plus vite ou plus lentement, selon que ces impressions seraient plus ou moins inégales. Or l'application que l'on a faite de la fusée B, *fig.* 5, corrige parfaitement ces inégalités du ressort; car lorsque le ressort est à son premier tour de bande, et que par conséquent sa force est la moindre, la chaîne agit en *o* sur le point le plus distant du centre de la fusée : ainsi, par la propriété du levier, le ressort agit avec avantage sur la roue C; et lorsque le ressort est monté au haut, alors la chaîne agit en *p* sur la plus petite partie ou petit levier de la fusée, ce qui diminue l'action du ressort; en sorte que dans l'un ou l'autre cas, l'action du ressort agit également sur la roue C, et par conséquent sur le rouage.

## ARTICLE IV.

Des causes de la justesse des Pendules; du temps qu'elles mesurent; du degré de justesse des Pendules.

Ce que nous venons de dire dans les deux articles précédens, sur le mécanisme d'une pendule et d'une montre, est suffisant pour donner une idée de la manière dont ces machines mesurent le tems ; mais il est à propos de faire remarquer ici la cause de la justesse des pendules, et à peu près le degré qu'on en peut attendre.

Si on écarte le pendule AB (*planche I, fig.* 1) de la verticale, la lentille B redescendra par sa pesanteur ; et par la vitesse qu'elle aura acquise, elle remontera du côté opposé, à la même hauteur dont on l'a laissé descendre ; ensuite elle retombera par sa pesanteur, et continuera ainsi ses vibrations par le seul effet de la pesanteur sur la lentille.

Or, comme l'action de la pesanteur est toujours la même, il suit de là que ce pendule fera ses vibrations de la même durée, s'il les fait de la même étendue. Cela bien entendu, on concevra aisément pourquoi une pendule doit aller avec une grande justesse ; car le pendule AB (*pl. I*) étant ainsi mis en mouvement, l'effet du moteur et du rouage est, comme nous l'avons dit, de restituer au pendule la force qu'il perd à chaque vibration : or, le poids P, agissant toujours avec la même force sur le rouage, l'action transmise au pendule est donc toujours la même ; le pendule fait donc des vibrations qui ont toujours la même étendue; elles ont donc dans ce cas toujours la même durée; les roues et par conséquent les aiguilles doivent donc tourner d'un mouvement uniforme. Ainsi le temps qu'elles indiqueront est égal et parfaitement semblable au temps moyen dont nous avons parlé; d'où nous pouvons conclure que les pendules ne peuvent diviser et marquer naturellement que le temps égal ou moyen, et que toutes les fois que l'on voudra régler une pendule par le méridien, il faudra premièrement connaître les écarts du soleil, et les soustraire ensuite pour avoir le temps moyen, et juger par là si la pendule va bien. Nous pourrions faire voir par un raisonnement à peu près semblable, que les montres ne peuvent aussi marcher que d'un mouvement uniforme; mais ce que nous venons de dire suffit. On doit donc être persuadé que la pendule ou la montre la plus parfaite qu'on puisse concevoir, est celle qui va d'un mouvement égal, bien éloignée de suivre les variations du soleil; car s'il arrive que ces machines varient, c'est sans aucune loi constante, cela dépendant du chaud, du froid, etc., comme nous le verrons, article V.

On peut bien, par un mécanisme particulier, faire suivre les écarts du soleil, aux pendules et aux montres, ce qui se fait dans les pièces que l'on appelle *pendules à équitaon* ou *montres à équation*; mais dans ce cas, elles sont tellement disposées, que pendant que les aiguilles et l'intérieur de la machine marchent d'un mouvement uniforme, une deuxième aiguille des minutes suit les variations du soleil. Pour donner le mouvement inégal à l'aiguille du temps vrai, on a imaginé une pièce en forme d'ovale, qu'on appelle *ellipse* ou *courbe*, laquelle fait avancer ou rétrogader l'aiguille du temps vrai, pendant que l'autre tourne d'une égale vitesse.

On est parvenu à donner un très grand degré de perfection aux pendules. Pour cet effet, on fait des lentilles pesantes, et qui décrivent de petits arcs, et l'on a diminué à proportion l'action de la force motrice, en sorte que lors même que la force motrice est un ressort, comme celui *planche II*, *fig.* 4, les inégalités qui en sont inséparables, comme nous l'avons fait voir, ne changent cependant pas sensiblement la justesse de la pendule; en sorte qu'une pendule à ressort ordinaire peut assez bien aller pour ne faire qu'une minute d'écart en quinze jours.

L'expérience nous a appris que la chaleur alonge tous les corps, que le froid les raccourcit, et que par conséquent les verges des pendules devenant plus longues, cela faisait retarder les pendules, et qu'étant plus courtes, cela les faisait avancer; on a imaginé différens moyens pour corriger ces effets, et l'on a assez bien réussi par ces différentes applications, pour pouvoir faire une pendule à secondes qui ne fasse qu'une minute d'écart par an.

---

## ARTICLE V.

### Des causes de variation des Montres; du degré de justesse qu'on peut attendre de ces machines.

*La justesse d'une montre dépend de la constante égalité des battements du balancier.*

1° Les vibrations du balancier se font plus vite ou plus lentement, selon que la force qui lui est communiquée par les roues est plus ou moins grande; donc la montre avance ou retarde selon l'inégalité de cette force.

2° La vitesse du balancier est déterminée par le plus ou moins de force du spiral. (*Voyez* article IX.) Or le spiral est plus ou moins élastique, selon qu'il fait chaud ou froid; la vitesse de son mouvement change donc selon les impressions qu'il reçoit de l'air.

3° La force qui entretient le mouvement de la montre est un ressort dont l'action n'est pas constante; elle diminue à la longue; la force du ressort change aussi selon qu'il fait chaud ou froid : ces inégalités changent donc la justesse de la montre.

4° Le mouvement des roues, en tournant sur leurs pivots, en agissant les unes sur les autres, produit une résistance qu'on appelle *frottement*. Or cette résistance devient plus grande à mesure que le poli des pivots se détruit, et que l'huile qu'on met dans les trous pour adoucir le frottement s'épaissit; la force communiquée au balancier n'étant plus la même, la justesse de la montre doit donc changer.

5° Le balancier d'une montre est susceptible de plus ou moins de vitesse, selon qu'il éprouve une plus ou moins grande résistance de l'air. Mais les écarts produits par cette cause sont si petits, que l'on peut en quelque sorte les regarder comme nuls.

6° Enfin les différens mouvemens; chocs, positions, etc., auxquels une montre est exposée, tendent encore à déranger sa justesse.

En examinant ainsi séparément chacune des causes qui tendent à déranger les montres, on sera étonné de la justesse qu'on est parvenu à donner à ces machines. Cette justesse est telle, qu'une montre bien composée et exécutée ne fait volontiers qu'une demi-minute d'écart par jour; on peut même porter cette précision plus loin. Quant à la justesse qu'il faut attendre des montres *ordinaires* ou *communes*, on ne devra pas se plaindre toutes fois qu'elle ne feront qu'une minute d'écart par jour.

On peut juger par là de la grande différence de justesse d'une montre et d'une pendule; car tandis qu'une montre fait une minute d'écart par jour, une pendule à ressort une minute en 15 jours, une bonne pendule à secondes ne fera qu'une minute en un an: une montre ordinaire fait donc autant d'écart par jour qu'une bonne pendule en un an.

REMARQUE.

On sait que quantité de gens disent que leurs montres ne font qu'une minute d'*écart* en 15 jours. Or, si cela arrive effectivement, c'est plus l'effet du hasard que de la combinaison de ceux qui les ont faites; car ces montres merveilleuses sont presque toujours ou de très vieilles machines, ou sont faites par de mauvais horlogers qui seraient très embarassés de dire pourquoi telle montre *va bien*, et d'en faire d'autres qui aillent de même. Je me défie d'ailleurs de ce que disent ces gens à miracles, lesquels comparent leurs montres avec le soleil, et qui, pour l'avoir vue d'accord en 15 jours, croient bonnement que cela prouve en faveur de la montre, ne faisant pas attention que dans l'intervalle de ce temps la montre a pu varier d'un quart d'heure, plus ou moins, et se retrouver ensuite avec le soleil.

## ARTICLE VI.

Différence d'une Montre qui n'est pas réglée, à celle qui varie : en quoi l'une et l'autre diffèrent de celle qui est réglée.

Lorsqu'une montre n'est pas réglée, on ne manque pas de dire *qu'elle varie*, et conséquemment qu'elle ne vaut rien. Il n'y a cependant une grande différence entre une montre qui varie et une montre qui n'est pas réglée ; car une montre peut être très bonne, marcher d'un mouvement uniforme, et n'être cependant pas réglée sur le temps moyen : telle serait, par exemple, une montre qui, étant mise un jour quelconque avec une *bonne pendule*, avancerait ou retarderait constamment de 2 minutes en un jour, de 4 en 2 jours, de 24 en 12 jours, et ainsi de suite, toujours du même sens et en proportion du temps ; dans ce cas, on devra dire que cette montre va d'un mouvement égal, mais qu'elle n'est pas réglée sur le temps moyen, on ne pourra pas dire qu'elle varie. Il est très facile de régler une telle montre ; il ne faut que toucher à l'aiguille de rosette, comme nous l'expliquerons, article IX.

Une montre qui est tantôt en avance et tantôt en retard sur une bonne pendule ; *est une montre qui varie.* Lorsque ces écarts sont de plusieurs minutes en 24 heures, il faut la donner à un habile horloger pour la corriger; car il est inutile de toucher à l'aiguille de rosette, le vice étant dans l'intérieur de la machine.

Enfin une montre est réglée, lorsque non-seulement elle marche d'un mouvement uniforme, mais lorsque de plus elle suit le temps moyen.

# ARTICLE VII.

## Comment on peut vérifier la justesse d'une Montre.

Pour parvenir à connaître le degré de justesse d'une montre, il faut la mettre à l'heure d'une bonne pendule, et la laisser marcher 24 heures dans une même situation, comme, par exemple, suspendue par son cordon ; noter de 6 en 6 heures, ou de 5 en 5, plus ou moins, les écarts qu'elle fera sur la pendule. Or si elle retarde ou avance (ce qui est égal, pourvu que ce soit toujours de l'un ou l'autre sens) d'une minute, je suppose, dans les six premières heures, d'une autre minute dans les six heures suivantes, et ainsi de suite, de manière qu'en 24 heures elle ait retardé ou avancé de 4 minutes, ce sera dans ce cas une preuve que le grand ressort agit uniformément sur le rouage, et celui-ci sur le balancier. On continuera ainsi pendant quelques jours à l'examiner dans la même situation, pour voir si elle avance ou retarde constamment de la même quantité dans le même temps.

On portera ensuite sa montre dans le gousset pendant 10 ou 12 heures, plus ou moins : or, si elle fait le même écart que lorsqu'elle était suspendue et dans le même sens, à proportion du temps, c'est-à-dire si en 6 heures elle retarde d'une minute, c'est une marque certaine que le mouvement *du porté* n'y influe point. On pourra donc dire qu'une telle montre va bien. Pour la régler, il ne faudra que toucher à l'aiguille de rosette.

Mais si votre montre, après avoir retardé de 4 minutes en 24 heures lorsqu'elle était suspendue, vient ensuite à avancer, étant portée, ou bien à retarder d'une plus grande quantité que lorsqu'elle était suspendue, comme de six minutes en 24 heures, par exemple, vous pourrez dire qu'elle varie ; ainsi vous ne parviendrez à la régler qu'après y avoir fait toucher par un horloger habile.

Pour juger de la justesse d'une montre, il faut surtout observer de ne pas la mettre à l'heure avec la première horloge venue, ou sur une autre montre, ou bien avec un méridien, et de voir ensuite d'autres méridiens, montres ou d'autres horloges; car il arrive presque toujours que les méridiens, horloges, montres, diffèrent entre eux d'un quart d'heure, plus ou moins. Or ces personnes décident aussitôt que leurs montres *vont mal*, tandis que ce sont les horloges, montres, méridiens, auxquels ils ont comparé leurs montres, qui ont fait ces écarts, ou qui n'étaient pas mis à la même heure : ainsi il arrive qu'une très bonne montre va comme une *patraque* dans certaines mains, et passe en effet pour telle. Lorsqu'on veut comparer une montre, il faut se servir d'une bonne pendule, et toujours de la même; ou, si on se sert d'un méridien, la vérifier toujours avec le même; car les méridiens peuvent aussi différer entre eux de plusieurs minutes.

## ARTICLE VIII.

Il est nécessaire que chaque personne conduise sa Montre, la règle et la remette à l'heure tous les huit ou dix jours.

Nous avons fait voir, article V, que la régularité des montres est dépendante du chaud, du froid, des frottemens, etc. Il en résulte donc :

1° Que les montres doivent varier de l'été à l'hiver : en général, elles avancent en hiver et retardent en été ; il y en a cependant qui font le contraire ;

2° Que les montres avancent ou retardent selon la chaleur du gousset des personnes qui les portent : ainsi une montre qui sera réglée chez l'horloger pourra bien ne l'être plus lorsque vous la porterez ;

3° Que les changemens de frottemens, l'épaississement des huiles, l'affaiblissement du grand ressort, changent insensiblement la régularité d'une montre. Ainsi, pour qu'elle continue à être réglée, il faut tourner l'aiguille de rosette à proportion du retard que ces causes ont produit. Il faut donc que chaque personne conduise et règle sa montre; et pour peu qu'elle soit bonne, elle ira constamment bien; car une montre qui est toujours entre les mains de la même personne, est sensiblement exposée tous les jours à la même température, mouvement, position, etc. Il ne sera besoin pour lors que de la remettre tous les huit ou dix jours à l'heure avec une bonne pendule ou avec le méridien. Et quand les changemens qui résultent des frottemens, épaississemens d'huile, etc., auront agi de façon à faire retarder sensiblement votre montre, il faudra tourner l'aiguille de rosette, pour régler de nouveau la montre.

## ARTICLE IX

### Usage du spiral : comment il faut toucher à l'aiguille de rosette de la Montre pour la régler.

Les vibrations du balancier se font avec plus ou moins de vitesse, selon que le spiral est plus fort ou plus faible : s'il est plus fort, les vibrations sont plus promptes, et s'il est plus faible, elles sont plus lentes.

Si on alonge le même spiral, les vibrations du balancier seront plus lentes, car il deviendra plus faible ; et si au contraire on le raccourcit, il sera plus fort, et les vibrations plus promptes. C'est précisément ce moyen que l'on met en usage pour régler les montres : si elles avancent, on alonge le spiral, et si elles retardent, on le raccourcit. Cet effet est celui qui résulte du chemin qu'on fait faire à l'aiguille de rosette; je vais en faire voir l'effet.

On appelle *aiguille de rosette*; la pièce *d*, *planche III*, *fig.* 1 (*), mise quarrément sur l'axe de la roue K, *fig.* 2; celle-ci porte des dents qui engrènent dans le *râteau b*, *c*, lequel tourne autour du centre du balancier, sous la *coulisse* IL, vue en perspective, *fig.* 4. Lorsqu'avec une clé on fait tourner l'aiguille *d* et la roue K, celle-ci oblige le râteau de tourner : or, ce râteau porte le bras *b*, *fig.* 2, sur lequel sont fixées deux chevilles. Le spiral

(*) On reconnaîtra aisément les pièces dont je parle ici, lesquelles on verra en ouvrant la montre.

passe assez juste entre ces deux chevilles, de sorte que ce ressort n'est flexible que du point *b*; en suivant le spiral jusqu'au centre du balancier; ainsi le spiral âgit avec plus ou moins de force sur le balancier, selon que ces chevilles sont amenées en *a*, en *b* ou en *c* : lorsqu'elles sont en *c*, le spiral est plus fort, ce qui fait avancer la montre; au contraire, les chevilles étant conduites en *a*, le spiral est plus faible, ce qui fait retarder la montre.

Pour faire avancer une montre; il faut donc tourner l'aiguille de rosette de R en A; car dans ce cas, la roue K a fait venir le bras *b* en *c*; et au contraire, pour faire retarder la montre, il faut tourner l'aiguille de A en R.

On tirera donc de là cette règle :

*Lorsqu'une montre retarde, il faut tourner l'aiguille de rosette en avant; c'est-à-dire du même côté qu'on ferait tourner les aiguilles de la montre pour les conduire de midi à une heure; et au contraire, lorsqu'elle avance, il faut tourner l'aiguille de rosette en arrière, c'est-à-dire du même côté qu'on ferait tourner les aiguilles de la montre pour les amener d'une heure à midi.*

Quant à la quantité dont on doit tourner l'aiguille de rosette, à chaque fois qu'il est besoin de régler sa montre, il faut savoir qu'elle n'est point la même à chaque montre; car si on fait tourner en avant l'aiguille de rosette d'une montre, d'une division du petit cadran, et que cela la fasse avancer de trois minutes en vingt-quatre heures, la même quantité dont on tournera l'aiguille de rosette d'une autre montre, au lieu de faire avancer de trois minutes, ne le fera que demi-minute ou de quatre, plus ou moins. Ainsi on ne peut pas dire : *si ma montre a avancé de tant en vingt-quatre heures, il faut tourner l'aiguille de tant;* bien loin de là, car on ne parvient à trouver cette quantité qu'en tâtonnant. Mais pour abréger on fera usage de la règle suivante.

EXEMPLE.

On a mis sa montre à l'heure d'une bonne pendule ; au bout de vingt-quatre heures, la montre a avancé de quatre minutes, on a tourné en arrière l'aiguille de rosette d'une division, et remis de nouveau la montre avec la pendule : au bout de vingt-quatre heures, la montre avance encore de deux minutes. Un degré de la rosette parcouru par l'aiguille répond donc à deux minutes d'avance en vingt-quatre heures ; ainsi, pour régler la montre, il faudra encore tourner d'un degré.

Pour amener facilement et promptement une montre au point d'être à peu près réglée, il faut conduire l'aiguille de rosette d'une extrémité à l'autre ; c'est-à-dire que si la montre retarde, il faut avancer l'aiguille, de sorte que la montre avance ensuite, et à peu près d'autant qu'elle retardait ; pour lors on n'a qu'à amener l'aiguille en arrière, en lui faisant faire la moitié du chemin dont on l'avait avancée.

REMARQUE.

Ce que je viens de dire sur la manière de régler les montres construites comme celles *fig.* 1 et 2 (*pl. III*), qu'on appelle *à la française*, est également applicable aux montres *à l'anglaise*, *fig.* 3. Ainsi, pour régler une montre *à l'anglaise*, on fait, de même qu'à celle *à la française*, tourner le quarré *o*, *fig.* 3, au moyen de la clé : mais dans celle-ci le quarré porte le cadran gradué A, lequel tourne avec le quarré, tandis que l'index H est immobile, au lieu que, comme on l'a vu, lorsqu'on règle une montre *à la française*, *fig.* 1 et 2, le cadran reste immobile, et c'est l'aiguille qui tourne. Si donc une montre *anglaise* retarde, il faut faire tourner le cadran en avant, tout comme si c'était l'aiguille et remarquer le nombre des vibrations qui passent par l'index H ou par tout autre point immobile situé autour du cadran; et si elle avance, tourner le cadran en arrière.

## ARTICLE X.

### De la manière de régler les Pendules.

Plus un *pendule* est long, et plus ses vibrations sont lentes, et au contraire plus il est court, et plus elles sont promptes : si donc on alonge le *pendule* (*) d'une horloge ou

(*) La longueur d'un pendule se mesure depuis le

pendule, on la fera retarder, et si on le raccourcit on la fera avancer; c'est le moyen dont on se sert pour régler ces machines. Pour cet effet, on dispose la verge AV (*planche IV*, *fig.* 2) du pendule, de manière que la lentille B peut monter et descendre séparément de la verge. On ajuste au bas de la verge un *écrou* CD, qui entre à vis sur le bout de la verge; c'est lui qui retient la lentille après la verge. Lorsqu'on fait tourner l'écrou de D en C, c'est-à-dire en arrière, on fait descendre la lentille, et par conséquent retarder la pendule; et au contraire, en le tournant en avant, c'est-à-dire de C en D, on remonte la lentille, et la pendule avance.

Il faut observer que dans la plupart des pendules qu'on fait aujourd'hui, la lentille est enfermée dans la boîte, de sorte qu'on ne peut pas toucher à l'écrou, et même qu'on n'en met point : mais ces pendules sont, dans ce cas, disposées de sorte qu'on les règle en faisant tourner un quarré qui passe au haut du cadran.

point A, qu'on nomme *centre de suspension*, jusqu'au point B, qu'on appelle *centre d'oscillation* : la lentille plus ou moins pesante ne change pas la vitesse des vibrations.

En faisant tourner ce quarré (au moyen d'une clé de montre) de gauche à droite, on accourcit le pendule et on fait avancer l'horloge; et au contraire, en tournant de droite à gauche, on alonge le pendule, et on fait retarder l'horloge.

Les *pendules* qui ont trois pieds huit lignes et demie de A en B, font chaque vibration en une seconde, c'est-à-dire 60 par minute, et 3600 par heure. Or si on descend d'une ligne la lentille d'un tel *pendule*, la pendule retardera d'une minute 38 secondes en 24 heures; tandis qu'en faisant descendre d'un quart de ligne seulement la lentille d'un *pendule* de neuf pouces deux lignes et un quart, la pendule où un tel *pendule* serait appliqué retarderait d'une minute 38 secondes en 24 heures; d'où l'on voit que la quantité dont on doit tourner l'écrou pour régler l'horloge change selon que les *pendules* sont plus longs ou plus courts; d'ailleurs cette quantité varie encore selon que les pas de la vis sont plus ou moins distans; ainsi on ne peut pas prescrire exactement combien on doit tourner l'écrou pour tel écart. Mais pour éviter le tâtonnement, on se servira de la règle suivante.

EXEMPLE.

Mettez la pendule donnée sur l'heure d'une autre pendule réglée, ou avec un méridien, observez combien elle a avancé ou retardé en 24 heures. Je suppose qu'elle a avancé de trois minutes : tournez l'écrou en avant de dix divisions, plus ou moins, s'il est *gradué*; s'il ne l'est pas; faites-le tourner d'un quart de tour en avant; remettez-la de nouveau à l'heure; voyez-la au bout de 24 heures. Si elle avance encore d'une minute, je suppose, ce sera une preuve que dix divisions de l'écrou *gradué*, ou un quart de tour de celui qui ne l'est pas, a fait avancer la pendule de 2 minutes en 24 heures; ainsi, pour la régler, on n'aura plus qu'à avancer l'écrou de 5 divisions ou d'un huitième de tour; on appliquera le même raisonnement pour les autres cas.

## ARTICLE XI.

**Comment il faut régler les Pendules et les Montres, pour le passage du Soleil au Méridien.**

J'ai supposé jusqu'ici que pour régler une montre, on avait la facilité d'en comparer la marche avec une bonne pendule déjà réglée sur le temps moyen; mais la plupart des personnes qui ont des montres n'ayant pas de telles pendules de comparaison, il faut se servir d'un moyen qui puisse aisément s'employer en différens pays; ce moyen est celui du passage du soleil au méridien. Mais les méridiens n'étant pas encore fort communs, on trouvera dans l'article suivant, la manière d'en tracer d'assez bons pour régler les pendules et les montres.

On sait que le soleil varie (*voy.* art. I), et que les pendules et les montres doivent suivre le temps moyen. Lors donc que l'on réglera une pendule ou une montre sur le méridien, il faudra faire abstraction des écarts du soleil.

Les variations du soleil sont indiquéesp ou,

chaque jour de l'année dans les tables d'équation placées à la fin de ce livre. La première colonne de chaque mois marque les jours du mois; les lettres initiales R ou A qui précèdent les chiffres de la seconde colonne sont pour désigner le sens de la variation du soleil; les chiffres de cette deuxième colonne marquent le nombre de minutes et de secondes dont le midi du soleil avance ou retarde sur le midi, temps moyen : ainsi, on voit que le premier janvier, le soleil retarde sur le temps moyen de 3 minutes 59 secondes; qu'il avance le premier septembre de 0 minute 27 secondes, etc.

La dernière colonne de chaque mois marque, pour chaque jour de l'année, le nombre de secondes dont le soleil varie en 24 heures sur le temps moyen. Ce sont ces quantités qui, ajoutées ou soustraites, forment l'équation du soleil : ainsi on voit qu'en ajoutant à l'équation 3 minutes 59 secondes du premier, 29 secondes qu'il a varié du premier au 2, on aura 4 minutes 28 secondes, qui fait l'équation du 2 janvier; et si on soustrait de l'équation du premier mars, qui est 12 minutes 56 secondes, la quantité 13 secondes dont il a varié du premier au 2, on aura, pour l'équation du 2 mars, 12 minutes 23 secondes. Cette dernière colonne n'est pas fort utile pour régler les montres, elle sert à faire voir d'un coup d'œil l'écart que fait le soleil chaque jour.

*Régler une Pendule ou une Montre sur le temps moyen, par le passage du soleil au méridien.*

On veut mettre, le 6 octobre, par exemple, sa montre sur le temps moyen. On verra pour cet effet, dans la table d'équation, de combien le midi du soleil diffère du temps moyen. On trouve qu'il avance ce jour-là de 12 minutes : ainsi, à l'instant du passage du soleil au méridien, on mettra le midi de la montre 12 minutes en retard (*) de celui du méridien. La montre sera donc sur le temps moyen. Pour voir si elle est réglée, on attendra quelques jours pour revoir le méridien,

(*) La raison de cette opération est simple, car lorsque le midi du soleil s'avance, c'est dire que le temps moyen retarde ; et au contraire, si le soleil retarde, c'est dire que le temps moyen avance.

jusqu'au 14, par exemple; on verra dans la table de combien le soleil avance le 14; on trouve 14 minutes : or, si la montre est réglé, il faut que, lorsqu'il sera midi au soleil, le midi de la montre soit de 14 minutes en retard; si elle diffère plus ou moins de 14 minutes, c'est une preuve qu'elle n'est pas réglée; on touchera donc à l'aiguille de rosette à proportion de l'écart.

### REMARQUE.

On tirera de cet exemple une règle propre à vérifier exactement la marche d'une pendule : c'est que si on a mis le 6 octobre (ou tel autre jour) le midi de la pendule sur le temps moyen, cette pendule étant supposée réglée, le soleil devra avancer, par rapport à elle, de 16 minutes 9 secondes le premier novembre; il retardera de 4 secondes le 23 décembre; il devra retarder de 14 minutes 44 secondes le 11 février, et s'en écarter ainsi de suite, comme il est marqué dans la table d'équation: cela suit des notions que nous avons données du temps vrai et moyen, article I^er^.

Pour mettre exactement une pendule à secondes à l'heure du méridien, il faut se servir d'une montre à secondes que l'on arrête sur midi, par le moyen de la détente F (*planche III, fig.* 2), que l'on pousse, et dont la partie G arrête le balancier, jusqu'au moment où l'astre passe au méridien ; dans cet instant on retire la détente F, et la montre marche. De cette manière on a le tems du passage avec une grande précision. Il ne s'agit plus que de mettre l'heure de la pendule d'après la montre.

### *Faire suivre les variations du soleil à une Montre, et la régler en même temps.*

#### EXEMPLE PREMIER.

On a mis le 10 janvier sa montre avec le soleil et on veut la remettre le 20 : avant de toucher aux aiguilles, on verra de combien la montre diffère du soleil. Je suppose qu'elle avance de 3 minutes sur le méridien, on la remettra avec le soleil ; et pour savoir si c'est la montre qui a varié, on verra quelle est la différence de l'équation du 10 et du 20 janvier. On trouve que le 10 janvier le soleil retarde de 8 minutes, et que le 20 il retarde de 11 minutes et demie; c'est donc 3 minutes et demie dont il retarde le plus de 20; la montre doit donc être en avance de 3 minutes et demie sur le soleil : si elle diffère de plus ou moins, on touchera à l'aiguille de rosette à proportion de l'écart.

EXEMPLE II.

On a mis la montre au méridien le 11 décembre; on veut savoir, le 31, si elle va juste. Voyez l'équation de ces deux jours. On trouve que le 11 décembre, le soleil avance de 6 minutes, et qu'il retarde le 31 de 4 minutes; il a donc avancé de 10 minutes du 11 au 31. Si la montre est réglée, elle doit être en retard de 10 minutes; car si elle se trouve juste au méridien, ce serait une preuve qu'elle aurait avancé de 10 minutes. Si l'écart est plus grand, on touchera à l'aiguille de rosette : on raisonnera de même pour tous les autres cas.

*Usage du Cadran d'Équation, planche IV, figure première.*

J'ai fait exécuter un cadran de montre, lequel peut tenir lieu de table d'équation. Il marque la différence du temps vrai au temps moyen, pour chaque mois de l'année. Son usage est de régler la montre où il est appliqué, et pour savoir toujours l'heure du temps vrai et du temps moyen.

Ce cadran est divisé en douze parties, qui forment les mois de l'année; chaque mois est divisé en trois époques, savoir : le 10, le 20 et le dernier du mois; au-dessous de chaque époque est marqué le nombre de minutes dont le soleil avance ou retarde ces jours-là sur le tems moyen; les lettres initiales A ou R, qui sont à chaque mois, marquent le sens de l'écart du soleil. Ainsi, en février, on voit que le soleil retarde, savoir : le 10 de 15 minutes, le 20 de 14 minutes, et le 28 de 13 minutes.

Quand l'équation change, on voit immédiatement avant le nombre de minutes, la lettre initiale qui l'annonce; ainsi ce cadran peut être conçu sans autre explication. J'ai dit, article VIII, qu'il faut remettre sa montre à l'heure tous les 8 ou 10 jours; on peut se servir des époques 10, 20 et derniers jours du mois marqués par le cadran. Ainsi, en remettant sa montre ces jours-là avec le soleil, on verra si elle a varié depuis la dernière fois qu'on l'a mise, et on la réglera en conséquence, en se servant des méthodes que j'ai indiquées ci-devant, et faisant usage du cadran, comme d'une table d'équation.

---

## ARTICLE XII.

### Manière de tracer des lignes méridiennes propres à régler les Pendules et les Montres.

#### 1° *Tracer une ligne méridienne sur un plan horizontal* (*).

Ayez une pierre (**) ABCD (*pl. IV, fig.* 3),

(*) On appelle horizontale une surface qui ne penche d'aucun côté : tel est sensiblement le dessus d'une table, ou, plus exactement, l'eau qui repose dans un vase.

(**) La plus grande sera la meilleure ; il faut lui donner deux ou trois pieds de longueur ; car plus la ligne que l'on tracera sera longue, et le *style* ou *index* élevé, et plus la méridienne sera juste : c'est par cette raison qu'une ligne tracée sur un plancher, ou celle qui est tracée sur un mur, est préférable à cette première.

bien plane et unie, que vous poserez horizontalement au moyen du niveau, *fig.* 4. Pour cet effet, vous ferez caler la pierre jusqu'à ce que le fil de l'à-plomb reste toujours dans la verticale *v*, après quoi il faudra la fixer solidement. Placez à l'extrémité de cette pierre, du côté où le soleil paraît à midi, le style ou index EG (*), dont la plaque E soit percée à son centre d'un trou qui ait environ une ligne, et soit propre à laisser passer la lumière

(*) Pour trouver la hauteur du style, il faut mesurer la distance du point F jusqu'à l'extrémité M de la pierre ; ce qui donnera la longueur de la ligne méridienne. Ce point F se trouvera à peu près, en réservant à l'extrémité G de la pierre et en dehors de F la place pour la base G du style, à peu près comme on le voit dans la figure 3. Ayant ainsi trouvé la longueur FM de la ligne, on cherchera dans la table qui est à la suite des tables d'équations, quelle doit être la hauteur qui convient à cette ligne, que je suppose de 2 pieds ; on trouve dans la table, à côté de 2 pieds, le nombre de 7 pouces 7 lignes : on fera donc un style GE, qui soit tel que de E en F il y ait juste 7 pouces 7 lignes. On scellera ce style après la pierre ; de cette manière on sera assuré qu'en hiver, lorsque le soleil est le moins élevé sur l'horizon, l'ombre de la plaque ne portera ni trop en dehors du plan ni trop en dedans, mais juste à l'extrémité.

du soleil : faites passer par le milieu de ce trou le fil de l'à-plomb, *fig.* 6; marquez sur la pierre le point qui répond au-dessous de la pointe *n*; de ce point F comme centre, tracez avec un compas les circonférences *a*, *b*, *c*. Observez avant 9 heures ou 9 heures et demie le moment auquel la lumière qui passe par le trou du style, viendra couper cette circonférence; marquez bien exactement dans la circonférence *c*, et par le milieu de l'ombre, le point H sur le plan ; observez après midi l'endroit I, où la lumière viendra couper la même circonférence; divisez l'arc HI en deux également; du milieu *c* et du point F menez la ligne MF, qui sera la méridienne cherchée.

2° *Tracer une méridienne sur le parquet ou carreau d'une chambre.*

Pour tracer une telle ligne, il faut premièrement trouver l'instant de midi sur un plan horizontal; pour cet effet on peut placer la pierre dans un jardin (*), qui ne soit pas fort éloigné de la chambre où l'on veut tracer la

(*) Ou autre lieu situé en plein air.

ligne méridienne; on peut aussi la poser sur l'appui d'une fenêtre, si la situation le permet. Après avoir fixé horizontalement cette pierre, qui aura deux ou trois pieds, on fera tourner une pièce ou quille de bois (*pl. IV*, *fig.* 5), dont la boule *b* ait environ 6 lignes de grosseur et soit élevée au-dessus de sa base, de manière qu'à neuf heures l'ombre de la boule porte à l'extrémité de la pierre : on fixera au centre de la base B une pointe P, laquelle on fera entrer dans un trou fait en F (*fig.* 3) à la pierre du côté du midi; de ce trou, comme centre, vous décrirez les circonférences *a*, *b*, *c*, et trouverez, comme dans l'exemple précédent, la ligne MF, qui donnera le midi demandé.

On fixera ensuite à l'embrasure de la fenêtre de la chambre où on veut tracer la méridienne, un style ou index qui ait un trou d'environ trois lignes de grosseur. Mais pour ne pas donner trop ou trop peu de hauteur à ce style au-dessus du plancher avant de le sceller, il faut mesurer, à l'heure de midi, la distance qu'il y a depuis l'embrasure de la fenêtre jusqu'à l'extrémité de la chambre, en suivant pour cela la direction indiquée par l'ombre que fait le côté de la fenêtre sur ce plancher; cela donnera la longueur de la ligne méridienne, laquelle je suppose de dix pieds. On verra dans la table indiquée ci-dessus, la hauteur que doit avoir le style; on trouvera 3 pieds 2 pouces un quart. On scellera donc à l'embrasure de la fenêtre un style dont le milieu du trou soit élevé au-dessus du plancher de 3 pieds 2 pouces un quart. On attendra le lendemain le moment où l'ombre de la boule du plan horizontal sera partagée en deux par la ligne MF; dans l'instant (1) on remarquera sur le plancher le centre de lumière qui passe à travers le trou du style fixé à la fenêtre : le point en sera un de la méridenne. Pour en trouver un second, il faut tendre un fil depuis le milieu du trou du style jusqu'au point de midi marqué sur le plancher; on suspendra à ce fil l'à-plomb,

(*) On conçoit que pour saisir cet instant, il faut deux personnes, l'une qui observe sur le plan horizontal le moment de midi, et l'autre qui attende cet instant pour marquer sur le plancher le milieu de l'image solaire, dès que son correspondant a fait le signal convenu.

*fig.* 6, assez en dedans de la chambre pour éviter *seulement* l'appui de la fenêtre, ou tel autre obstacle qui peut se trouver sous le style; on marquera sur le plancher un point qui soit exactement sous la pointe de l'à-plomb; de ce point et de celui déjà trouvé, on tracera une ligne qui sera la méridienne cherchée.

### 3° *Tracer une ligne méridienne sur le mur d'une maison ou d'un jardin.*

Trouvez de la manière que j'ai dit ci-dessus, le moment de midi sur un plan horizontal; déterminez la longueur que peut avoir la ligne; trouvez la hauteur du style qui lui convient (*); faites seeller le style après le mur, de manière que le milieu du trou de style soit éloigné du mur, de la hauteur indiquée par la table; attendez que l'ombre de la boule ou style du plan horizontal soit partagée par la ligne MF; dans le moment mar-

(*) Cette hauteur du style ne conviendra que dans le cas où le mur sera bien au midi; car s'il décline d'un côté ou d'autre, le style devra être plus court ou plus long.

quez sur le mur le milieu de l'image solaire qui passe par le style; suspendez l'à-plomb, de manière que le fil divise le point de midi en deux; marquez à l'extrémité où le fil est suspendu, un autre point qui soit aussi divisé en deux par ce fil; faites passer par ces deux points une ligne qui sera la méridienne cherchée.

*Construction du Niveau.* (Pl. IV, fig. 4.)

Si on n'a pas de niveau pour placer horizontalement la pierre sur laquelle on veut tracer une méridienne, on pourra aisément le construire soi-même de la manière suivante.

Ayez un bout de planche, *fig.* 4, qui soit dressé d'un côté; divisez-le en deux parties égales; du point milieu *v*, comme centre, décrivez le demi-cercle *a*, *b*; des points *a*, *b*, décrivez les deux portions de cercle *c* qui se coupent en *c*; tirez des points *c* et *v* la ligne *c*, *v* qui sera perpendiculaire au côté *a b*: ainsi en attachant au point *c* un fil qui suspende la boule *d*, on aura un niveau.

## ARTICLE XIII.

Des précautions à mettre en usage pour acquérir de bonnes Montres et Pendules.

Quoiqu'il y ait une très grande différence d'une montre bien faite à une médiocre, de celle qui est bien construite à celle qui ne l'est pas, il est bien difficile de donner des règles pour que tout autre qu'un artiste puisse en juger, puisqu'une partie de ceux qui professent l'horlogerie ne sont pas fort en état de le faire.

J'indiquerai donc ici quelques moyens qui pourront suppléer à ces règles.

1° Il faut s'adresser à un artiste dont la réputation soit faite, et autant établie sur les sentimens d'honnête homme, que sur le talent. Cette première condition qu'on exige d'un artiste est inutile si l'autre ne l'accompagne.

2° La bonté d'une pendule ou d'une montre ne dépend pas tant de l'extrême bonté d'exécution de chaque partie qui la compose, que de l'intelligence de l'artiste, et des principes qu'il a suivis; car une montre parfaitement bien exécutée peut aller très mal (ce qui arrive assez souvent), tandis qu'une montre qui sera médiocrement bien faite en apparence, ira fort juste : les soins d'exécution sont très essentiels, mais il faut savoir les appliquer. Une parfaitement bonne montre ou pendule est donc celle où l'on a réuni les principes et une bonne exécution : il est vrai qu'il est assez rare de voir ces parties réunies dans le même ouvrage ; mais si on ne peut acquérir de pareilles machines, au moins doit-on préférer à la main brillante d'un ouvrier qui ne sait pas raisonner, l'artiste qui possède les principes de son art, et dont l'étude suivie et des expériences délicates ont formé la théorie.

3° Pour avoir une bonne montre, il faut laisser la liberté à l'artiste de la construire à son gré, sur les principes qu'il imaginera les plus propres à donner de la justesse ; en lui recommandant cependant de suivre plutôt une construction que le temps et l'usage ont confirmée, qu'une autre qui ne dépend que d'un système idéal démenti par l'expérience.

4° Comme la différence d'une pendule ou d'une montre bien faite à celle qui ne l'est pas, est très grande, ainsi que je l'ai dit, la différence du prix d'une montre bien faite et bien construite à une qui ne l'est pas, doit de même être très grande, ce qui est bien aisé à concevoir; car pour faire des pendules et des montres les plus parfaites possibles, il faut avoir le génie des machines, et joindre à cela une bonne exécution ; la moindre partie d'une montre exigeant des soins et des raisonnemens suivis. Or ces soins, ces raisonnemens ne s'acquièrent que par un travail très long, et par une étude particulière, et on ne les applique qu'en y employant beaucoup de temps. Mais si le temps qu'un habile artiste emploie à exécuter une bonne montre est double du temps qu'emploie un artiste médiocre, par cette seule raison son ouvrage doit être payé le double de l'autre. Enfin les raisonnemens qu'il y applique, l'étude qu'il fait pour perfectionner ce qu'il exécute, exigent sans doute qu'on fasse une différence de son ouvrage d'avec celui de son confrère malhabile.

Or, pour porter un artiste à bien faire, il faut le payer proportionnément à son talent, et ne pas le borner; sans quoi vous le forcerez à vous donner des montres ou pendules médiocres, semblables à celles que font les manœuvres horlogers, et que vendent les marchands.

5° Pour avoir une montre qui soit constamment bonne, même en passant entre les mains d'un ouvrier médiocre, il faut qu'elle soit d'une grosseur moyenne, et éviter l'extrême *petitesse*. Une petite montre peut cependant aller aussi bien qu'une montre ordinaire; mais comme les petites montres sont infiniment plus difficiles à exécuter, le nombre des bonnes en est très petit; elles sont d'ailleurs plus sujettes à être *estropiées* par les ouvriers qui les raccommodent.

6° Les pendules et les montres sont des machines dont la principale propriété est de mesurer le temps; ainsi le but qu'un habile artiste doit avoir en changeant la construction de ces machines, doit être de leur donner un plus grand degré de justesse, ou bien de leur faire produire un plus grand nombre d'effets.

Toutes les fois donc que l'on verra dans une montre une augmentation d'ouvrage qui ne tendra pas à ce but, on peut décider à coup sûr que celui qui l'a faite est un ignorant, ou qui veut en imposer à ceux qui le sont. Un artiste qui a du génie et qui aime son art, ne s'occupe au contraire que des moyens de perfectionner les machines qu'il construit, et il ne fait que des changemens qui ont une utilité marquée : un tel artiste doit donc faire bien peu de cas de ces choses singulières et inutiles, comme sont par exemple, les montres dont on découpe les platines, celles dont on cache les roues dans l'épaisseur des platines, pour faire croire qu'elles sont plus simples, etc. On doit donc faire choix de montres dont la construction soit simple et solide et faite sur un plan qui concilie la bonté des principes et l'exécution facile, choses très essentielles, si on veut avoir une montre qui dure ; car il est à remarquer qu'une montre ordinaire, qui était bonne dans son origine, est devenue mauvaise par les différentes mains dans lesquelles elle a passé ; à plus forte raison cela arrivera-t-il à ces montres dont on augmente les défauts et les difficultés d'exécution.

Quant à la manière de connaître des montres par l'essai, il est assez difficile de s'y arrêter et d'en faire usage ; car on ne propose pas à un habile homme d'essayer ses montres : ce serait l'outrager sans nécessité. Puisque lorsqu'on lui a demandé une bonne montre, et qu'on la lui paie comme telle, il doit la faire bien aller ou la reprendre (si elle va assez mal pour cela) ; et pour les montres ordinaires, il arrive souvent qu'elles vont bien pendant quelque temps, et ensuite très mal : ainsi l'essai en de semblables ouvrages est inutile.

Pour juger du mérite d'une montre, il faut en examiner toutes les parties démontées et les voir séparément ; par là on juge si une montre est bonne, si elle peut marcher constamment avec la même justesse : or, pour cela, il faut un habile homme, et il n'y a vraiment que celui-là qui puisse estimer une montre et la faire marcher constamment juste.

S'il est nécessaire, comme on ne peut en

disconvenir, de s'adresser à un habile artiste pour avoir de bonnes montres, il est assez naturel de s'adresser à des horlogers ordinaires pour en avoir de médiocres ; car si peu qu'on leur suppose de talent, ils seront toujours plus en état de choisir et vendre une montre, que des marchands de toute espèce qui se mêlent de l'horlogerie, et qui, non contens de vous livrer de l'ouvrage médiocre, le font payer plus cher que ne le ferait un horloger, puisque la plupart des ouvrages d'horlogerie que vendent ces marchands sont fournis par des horlogers ( sur qui ils gagnent ), et ces *ouvriers* n'étant pas responsables des ouvrages qu'ils vendent à vil prix aux marchands, s'inquiètent fort peu de leur perfection; d'ailleurs ces marchands savent fort bien employer des mauvais mouvemens de Genève dans des boîtes de Paris, faire marquer les noms des bons maîtres dessus ces montres, et les vendre comme si elles étaient bonnes. Si donc on veut avoir de bonne horlogerie, qu'on s'adresse à un habile homme, et pour de l'horlogerie médiocre, à des horlogers inférieurs. Voilà les grandes règles à suivre. On me dira peut-être que des horlogers trompent et vendent souvent de mauvais ouvrages pour bons, et qu'il faudrait donner des moyens propres à prévenir cet abus de confiance. J'avoue qu'en effet il y a des horlogers d'assez mauvaise foi pour tromper ; mais je ne connais de moyens sûrs de l'éviter que de s'adresser à des horlogers connus, et de s'en raporter à leurs lumières et à leur probité, en faisant attention surtout que la bonté des ouvrages est toujours en proportion du prix que l'on veut y mettre, et que, trompé pour trompé on l'est moins en s'adressant à des horlogers pour l'achat des ouvrages d'horlogerie, qu'en s'en rapportant à ceux qui n'y connaissent rien, comme sont les marchands de montres. Car au moins les premiers ont des connaissances dans l'art, quelque bornées qu'elles soient, et ils peuvent plutôt choisir que les marchands qui ont la même dose de tromperie, et l'ignorance en sus.

Enfin, si on veut acquérir assez de lumières pour juger soi-même des montres, il faut devenir artiste, ou tout au moins avoir quelque teinture d'horlogerie : pour cet effet, il faut lire les livres qui en parlent; pour lors, appliquant ces notions à l'examen des montres et pendules, on pourra commencer à en juger.

---

## ARTICLE XIV.

### Des moyens de conserver les Montres.

Lorsqu'on a fait l'acquisition d'une bonne montre, cela ne suffit pas ; il faut encore savoir la conduire, la régler, songer à la faire nettoyer de temps en temps, et à rétablir ce que le mouvement, les frottemens et le temps détruisent dans la machine : pour cet effet, il est bien essentiel de s'adresser à des horlogers intelligens, et qui joignent à cela de la bonne volonté. Il est même à propos de s'adresser, autant qu'il est possible, à celui qui a fait la montre; car il est engagé par honneur à la bien faire aller; au lieu que son confrère s'en inquiète très peu, et que souvent même il la détruit par ignorance, et quelquefois par la mauvaise foi.

Si ce sont là des vérités désagréables pour les ouvriers qui sont en faute, il est essentiel aussi que le public les connaisse; car la plupart des montres périssent entre les mains de ces ouvriers, et le temps, les frottemens, etc., font moins de ravage que la manière dont ils accommodent les montres. Le seul moyen que je connaisse pour prévenir ces difficultés, c'est, comme je l'ai dit, de remettre sa montre à raccommoder à celui qui l'a faite, ou à un horloger connu pour son talent et pour sa probité : dans ce cas, la montre qu'on lui donne à mettre en état ne pourra que devenir meilleure; car il est à observer que plus un homme a de talens, et moins il est capable de mépriser l'ouvrage de son confrère; bien loin de là, l'amour qu'il a pour la perfection l'engage à en procurer un degré à tous les ouvrages qui lui passent par les mains.

Une économie mal entendue guide souvent le public; on veut éviter de dépenser de l'argent pour l'entretien de sa montre, et c'est toujours aux dépens de la machine. Telle personne qui donne sa montre à raccommoder dit à l'horloger *qu'il n'y a qu'à la nettoyer* : l'horloger voit les imperfections de la montre, soit celles causées par la construction ou autres; mais il ne peut y remédier, puisqu'il n'en serait pas payé. Il arrive souvent que cette montre, simplement nettoyée, va beaucoup plus mal qu'elle ne faisait auparavant: car une montre très mal faite, mal composée, enfin ce qu'on appelle *mauvaise montre*, peut aller très bien, et devoir la cause de sa justesse aux vices même de la machine. Or si on nettoie une telle montre, et qu'on ôte quelques-uns de ces vices, elle ne manquera pas d'aller fort mal ; et celui à qui elle appartient ne manquera pas de dire *: l'horloger a estropié ma montre* (*); et cependant il n'en est rien, par bien des raisons, qu'il serait trop

(*) Il y a même des gens assez peu instruits pour croire qu'on peut changer des pièces de leurs montres, et qui disent, lorsque leurs montres vont mal en sortant des mains de l'ouvrier qui les a nettoyées, *il a changé les ressorts de ma montre.*

long de dire ici, dont voici la principale : c'est que la liberté que l'on donne à une montre en la nettoyant, ôte cet état d'équilibre qui régnait auparavant entre le régulateur et le moteur, et que le balancier suit alors, plus qu'il ne faisait, les impressions du moteur, l'inégalité des engrenages, etc.

Une personne qui, ayant une bonne montre, désire de la conserver telle, doit donc ne la remettre qu'en des mains sûres pour la réparer; il doit de même la faire nettoyer au moins tous les trois ans.

Il se trouve des personnes dont le gousset est si chaud, qu'en très peu de temps les huiles de la montre se dessèchent; ce qui fait varier et ensuite arrêter la montre, et détruire les pivots, ainsi que le cylindre (si c'est un échappement à repos), que la roue tend à creuser. Ceux qui sont dans ce cas, doivent donc faire nettoyer leur montre plus souvent, ou bien garantir leur montre de ce trop de chaleur, en faisant pour cela garnir leurs goussets.

Comme l'humidité fait rouiller l'acier,

on doit tenir les montres, le plus qu'il est possible, dans un lieu sec.

La poussière et les ordures qu'on laisse introduire dans une montre en dessèchent les huiles, et fournissent des matières qui, venant à se broyer avec l'huile, par le mouvement des roues, ne tendent qu'à ronger les parties auxquelles elles s'attachent : ce qui détruit insensiblement la machine.

## ARTICLE XV.

Contenant le précis des règles qu'il faut suivre pour conduire et régler les Montres et les Pendules ; les observations qu'il est à propos de faire pour jouir avantageusement de ces machines utiles.

1° Le soleil n'emploie pas tous les jours le même temps à revenir au méridien; son mouvement est donc variable. (*Voyez* page 12 et suivantes.)

2° Les pendules et les montres ne peuvent suivre naturellement les variations du soleil, *page* 34.

3° Lorsque l'on veut connaître si une montre va juste, et qu'on la compare avec le méridien ou un cadran solaire, il faut soustraire les écarts faits par le soleil, et faire usage pour cela des tables d'équation. ( Article XI. )

4° Les montres sont sujettes à des variations qui n'ont aucune règle constante, étant produites par le chaud, le froid, par les divers mouvemens auxquels elles sont exposées, etc. ; de sorte que lorsqu'une montre ne fait qu'une minute d'écart par jour, tantôt en avançant et tantôt en retardant, on ne doit pas s'en plaindre. ( Article V. )

5° Les pendules ne sont pas sujettes aux mêmes variations des montres ; on peut donc s'en servir pour régler les montres. (*Pages* 35 et 39. )

6° Il faut remettre sa montre à l'heure tous les huit ou dix jours avec une bonne pendule ou avec un méridien. Si elle ne fait que huit minutes d'écart en huit jours, il faut simplement remettre les aiguilles sur l'heure; mais si elle s'est écartée de plus de huit minutes, soit en avance ou en retard, il faut, non seulement remettre les aiguilles, mais toucher en conséquence à l'aiguille de rosette.

7° Lorsque la montre avance, il faut, pour la régler, tourner l'aiguille de rosette en arrière, c'est-à-dire dans le même sens que vous tournez celle des minutes pour retarder la montre en l'amenant d'une heure à midi; et au contraire, si la montre retarde, il faut tourner l'aiguille de rosette en avant, c'est-à-dire dans le même sens que vous tourneriez l'aiguille des minutes pour la conduire de midi à une heure. (*Page* 48.)

8° Il ne faut tourner l'aiguille de rosette à chaque fois, que d'une demi-division du petit cadran, à moins que la montre ne fasse un grand écart en vingt-quatre heures, comme de quatre à cinq minutes; alors on peut tourner l'aiguille d'une ou deux divisions, plus ou moins, selon l'écart. ( *Voyez* page 48. )

9° Pour remettre une montre à l'heure, il faut se servir de la clé, et faire tourner l'aiguille des minutes par son quarré, jusqu'à ce que la montre marque l'heure et la minute qu'il est; ayant attention de ne point faire tourner l'aiguille des heures séparément de celle des minutes.

10° Lorsqu'une montre à répétion marque une heure, et qu'elle en répète une autre, on peut tourner l'aiguille des heures séparément de celle des minutes, et la mettre sur l'heure et le quart que la pièce a répétés; il faut pour cela que l'aiguille des heures tourne facilement; alors on peut supposer l'avoir dérangée sans s'en être aperçu. Après l'avoir ainsi tournée, il faut appuyer avec la pointe d'un canif sur le centre de l'aiguille en pressant contre le cadran, afin d'arrêter l'aiguille avec son canon, et l'empêcher de se déranger de nouveau; on remettra ensuite, selon l'article précédent, les aiguilles à l'heure qu'il est.

Mais si l'aiguille des heures tourne difficilement, il faut porter la montre à l'horloger; car, outre qu'on pourrait casser l'aiguille, on doit supposer dans ce cas, que le dérangement des aiguilles, avec la répétition, est causé par les pièces qui sont sous le cadran.

11° Lorsque les aiguilles d'une montre, soit à répétition ou sans répétition, sont en avance ou en retard d'une heure ou deux, plus ou moins, il faut les tourner du côté où elles auront le moins de chemin à faire, soit qu'il faille les tourner en *arrière* ou en *avant;* il n'y a pas plus de risque d'un côté que de l'autre. Il suit de là, que si on a oublié de remonter sa montre, et qu'elle se trouve en avance d'une demi-heure, deux heures, etc., il faut faire rétrograder les aiguilles de cette quantité, plutôt que de les tourner en avant de onze heures et demie, plus ou moins; ce qui arrive à beaucoup de personnes, crainte de *gâter leurs montres.* Ils font cependant ce qu'ils veulent éviter; car en faisant beaucoup tourner les aiguilles, cela rend les canons qui les portent trop libres sur leurs axes, et alors la moindre chose les dérange; il arrive même qu'à de telles montres, la montre marche, tandis que les aiguilles restent immobiles.

12° Si on a une montre à sonnerie ou à

réveil, ou d'une construction particulière, à laquelle le mouvement rétrograde de l'aiguille puisse être à craindre, il est aisé de s'en assurer; il ne faut pour cela que reculer l'aiguille des minutes, et si on sent tout-à-coup une forte résistance, il vaut mieux les tourner en avant.

13° *Il faut remonter sa montre tous les jours à la même heure.* Une montre étant susceptible d'avance ou de retard, selon que la force de son grand ressort est plus ou moins grande ( *voyez* pages 29 et 32 ) on a adapté la *fusée* aux montres, afin de corriger les inégalités du ressort. Mais il est rare que les fusées soient assez bien faites pour rendre uniforme l'action du ressort sur le rouage; car il arrive à plusieurs montres qu'elles avancent ou retardent pendant les douze premières heures, après qu'on les a remontées, et qu'elles retardent ou avancent pendant les douze heures suivantes : or en remontant sa montre au bout de vingt-quatre heures, on la règle en conséquence ; ainsi l'avance des douze premières heures est compensée par le retard des douze dernières ; au lieu que si on la laisse marcher plus de vingt-quatre heures, elle continuera à retarder ou à avancer; mais ce retard n'étant pas compensé, cela produira dans la montre une variation qui sera d'autant plus grande qu'on la remontera alternativement, tantôt au bout de vingt-quatre heures, de vingt-trois, et ensuite de vingt-huit, de trente heures, etc.

14° *Il faut tenir une montre le plus approchant possible de la même position.* Lorsqu'on porte une montre, elle est à peu près comme si elle était suspendue par son cordon. Ainsi, dès qu'on ne la porte plus, il faut la suspendre à un clou; avoir attention que la boîte pose contre la cheminée, pour que la vibration du balancier ne communique point son mouvement à la montre.

15° *On doit tenir, le plus qu'il est possible, sa montre à la même température.* Ainsi, en hiver, lorsque le soir on pose sa montre, il faut l'accrocher à un lieu chaud, à la cheminée, par exemple. ( Article VIII. )

16° On doit placer sa montre dans le gousset, de manière que le cristal soit en dehors, afin que s'il recevait un coup, et qu'il vînt à casser, il ne pût blesser.

17° On ne doit pas tourner les aiguilles d'une montre à répétition pendant que la pièce sonne.

18° Quand une montre à répétition sonne trop vite ou trop lentement, il est facile de l'en corriger : c'est à cet usage qu'est destinée l'aiguille EL (*pl. III*, *fig.* 1). En ouvrant sa montre, on reconnaîtra aisément cette aiguille, située auprès du coq. Lorsque la répétition sonne trop lentement, il faut tourner l'aiguille par son quarré E, du côté de la lettre initiale V, qui veut dire *vite ;* et quand la sonnerie va trop vite, il faut tourner l'aiguille du côté de la lettre initiale L, qui veut dire *lentement.*

19° Un homme qui voyage ne peut pas juger si sa montre est réglée, à moins qu'il ne fasse attention à la différence du midi du lieu où il était d'abord, au midi du lieu où il est actuellement, c'est-à-dire à la longitude des lieux. Ainsi une personne qui partirait de Paris, ayant mis sa montre au méridien, et qui irait à Pétersbourg, trouverait sa montre en retard de deux heures sur le méridien de Pétersbourg, pourrait croire que sa montre a varié, tandis que ce ne sont en effet que les méridiens qui diffèrent, puisqu'il est une heure cinquante-deux minutes après midi à Pétersbourg, lorsqu'il n'est que midi à Paris.

20° Il faut faire nettoyer sa montre tous les trois ans. Il est plus essentiel qu'on ne pense de ne la confier qu'à un horloger habile, sans quoi elle ne peut que dépérir.

21° On ne doit pas faire tourner les aiguilles à secondes des montres. Lors donc qu'on veut mettre de telles montres à la minute et à la seconde, il faut arrêter le balancier au moyen de la détente, au moment que l'aiguille des secondes est sur la soixantième; alors on met les autres aiguilles à l'heure et minute ; et au moment que le soleil passe au méridien, ou bien qu'il est midi, ou l'heure juste à la pendule, on retire la détente, et la montre part; de cette sorte on a l'heure très exactement. ( *Page* 57. )

*Remarques sur la manière de conduire les Pendules.*

1° Pour faire avancer une pendule, il faut remonter la lentille au moyen de l'écrou qui est dessous; et pour la faire retarder, il faut descendre la lentille. Si c'est une pendule qui soit dans un cartel, et qu'on ne puisse toucher à la lentille, on trouvera dans le cadan un petit quarré d'acier, qu'on fera tourner au moyen d'une clé de montre, de gauche à droite pour avancer, et de droite à gauche pour retarder. Pour trouver la quantité dont il faut tourner l'écrou ou le quarré qui passe dans le cadran, on se servira de la méthode indiquée art. IX, *page* 49.

2° On ne doit pas faire rétrograder les aiguilles des pendules à sonnerie plus d'une demi-heure, encore faut-il le faire avec précaution, surtout lorsqu'on sent une forte résistance causée par les *détentes*. On ne doit pas non plus reculer l'aiguille des minutes, lorsqu'elle est située près de 28 minutes ou 55 minutes ; c'est-à-dire lorsque la sonnerie est près de frapper ; car si dans ce moment on tourne l'aiguille en *arrière*, la sonnerie *frappera* ; et lorsque l'aiguille reviendra de nouveau au même point, et passera à la demie et à l'heure, la sonnerie frappera encore; en sorte que la sonnerie et les aiguilles ne seront plus d'accord ; ainsi la pendule sonnera l'heure à la *demie*. Lorsque cela arrive, il faut tourner l'aiguille des minutes, jusqu'à ce qu'elle soit à deux minutes environ de l'heure ou de la demie, c'est-à-dire à la 28e ou 58e minute du cadran ; alors on fera rétrograder l'aiguille jusqu'à ce que la sonnerie frappe;on ramènera ensuite l'aiguille en avant, et la sonnerie frappera de nouveau : ainsi l'heure sonnera à l'heure, et la demie à la demie; il ne faudra plus que tourner les aiguilles pour les mettre à l'heure et à la minute.

3° Lorsque la sonnerie d'une pendule n'est plus d'accord avec les aiguilles, c'est-à-dire quand elle frappe midi, et qu'il est une heure aux aiguilles, il faut tourner l'aiguille des heures séparément de celle des minutes, et l'amener à l'heure de la sonnerie. On fera ensuite tourner l'aiguille des minutes jusqu'à ce que la pendule soit à l'heure.

Pour poser une pendule, il faut avoir attention de l'attacher bien solidement et la placer bien droite, en sorte qu'en mettant la lentille en mouvement, les battemens que fait l'échappement soient parfaitement égaux. Pour cet effet, on calera avec des cartes ou avec du bois un des côtés des pieds de la boîte, jusqu'à ce qu'on entende que l'échappement fait des battemens égaux. Si la boîte est un *cartel*, il sera facile de mettre la pendule dans son échappement ; il ne faut que conduire le bas du cartel de côté ou d'autre, jusqu'à ce qu'on entende l'échappement battre également; alors on arrêtera le bas de la boîte avec un clou, pour que la pendule ne puisse pas se déranger. Il faut avoir attention à ce que la lentille ne touche pas à la boîte, soit sur le fond, sur le devant ou sur les côtés, comme cela arrive quelquefois aux cartels qui sont étroits par le bas; dans ce cas il faut écarter ou approcher du mur le bas du cartel, et le caler du haut ou du bas, selon que la lentille touche sur le fond ou sur le devant.

## TABLE D'ÉQUATION.

| Jours du mois. | JANVIER. | | MIN. | SEC. | L'équation change en 24 heures. SEC. |
|---|---|---|---|---|---|
| 1 | Le soleil retarde. | R. | 3 | 59 | 29 |
| 2 | | R. | 4 | 28 | 28 |
| 3 | | R. | 4 | 56 | 27 |
| 4 | | R. | 5 | 23 | 27 |
| 5 | | R. | 5 | 50 | 27 |
| 6 | | R. | 6 | 17 | 26 |
| 7 | | R. | 6 | 43 | 27 |
| 8 | | R. | 7 | 9 | 25 |
| 9 | | R. | 7 | 34 | 25 |
| 10 | | R. | 7 | 59 | 24 |
| 11 | | R. | 8 | 23 | 23 |
| 12 | | R. | 8 | 46 | 23 |
| 13 | | R. | 9 | 9 | 22 |
| 14 | | R. | 9 | 31 | 22 |
| 15 | | R. | 9 | 53 | 21 |
| 16 | | R. | 10 | 14 | 20 |
| 17 | | R. | 10 | 34 | 19 |
| 18 | | R. | 10 | 53 | 19 |
| 19 | | R. | 11 | 12 | 18 |
| 20 | | R. | 11 | 30 | 17 |
| 21 | | R. | 11 | 47 | 17 |
| 22 | | R. | 12 | 4 | 16 |
| 23 | | R. | 12 | 20 | 15 |
| 24 | | R. | 12 | 35 | 14 |
| 25 | | R. | 12 | 49 | 13 |
| 26 | | R. | 13 | 2 | 13 |
| 27 | | R. | 13 | 15 | 11 |
| 28 | | R. | 13 | 26 | 11 |
| 29 | | R. | 13 | 37 | 10 |
| 30 | | R. | 13 | 47 | 9 |
| 31 | | R. | 13 | 56 | 9 |

## TABLE D'ÉQUATION.

| Jours du mois. | FÉVRIER. | | MIN. | SEC. | L'équation change en 24 heures. SEC. |
|---|---|---|---|---|---|
| 1 | Le soleil retarde. | R. | 14 | 5 | |
| 2 | | R. | 14 | 12 | 7 |
| 3 | | R. | 14 | 19 | 7 |
| 4 | | R. | 14 | 25 | 6 |
| 5 | | R. | 14 | 30 | 5 |
| 6 | | R. | 14 | 34 | 4 |
| 7 | | R. | 14 | 38 | 4 |
| 8 | | R. | 14 | 40 | 2 |
| 9 | | R. | 14 | 42 | 2 |
| 10 | | R. | 14 | 43 | 1 |
| 11 | | R. | 14 | 44 | 1 |
| 12 | | R. | 14 | 43 | 1 |
| 13 | | R. | 14 | 42 | 1 |
| 14 | | R. | 14 | 40 | 2 |
| 15 | | R. | 14 | 37 | 3 |
| 16 | | R. | 14 | 33 | 4 |
| 17 | | R. | 14 | 29 | 4 |
| 18 | | R. | 14 | 24 | 5 |
| 19 | | R. | 14 | 19 | 5 |
| 20 | | R. | 14 | 13 | 6 |
| 21 | | R. | 14 | 6 | 7 |
| 22 | | R. | 13 | 58 | 8 |
| 23 | | R. | 13 | 50 | 8 |
| 24 | | R. | 13 | 41 | 9 |
| 25 | | R. | 13 | 32 | 9 |
| 26 | | R. | 13 | 22 | 10 |
| 27 | | R. | 13 | 11 | 11 |
| 28 | | R. | 13 | 0 | 11 |
| 29 | | R. | 12 | 48 | 11 |
| | | | | | 12 |

## TABLE D'ÉQUATION.

| Jours du mois. | | MARS. | | | L'équation change en 24 heures. |
|---|---|---|---|---|---|
| | | | MIN. | SEC. | SEC. |
| 1 | Le soleil retarde. | R. | 12 | 36 | |
| 2 | | R. | 12 | 23 | 13 |
| 3 | | R. | 12 | 10 | 13 |
| 4 | | R. | 11 | 56 | 14 |
| 5 | | R. | 11 | 42 | 14 |
| 6 | | R. | 11 | 28 | 14 |
| 7 | | R. | 11 | 13 | 15 |
| 8 | | R. | 10 | 58 | 15 |
| 9 | | R. | 10 | 42 | 16 |
| 10 | | R. | 10 | 26 | 16 |
| 11 | | R. | 10 | 10 | 16 |
| 12 | | R. | 9 | 53 | 17 |
| 13 | | R. | 9 | 36 | 17 |
| 14 | | R. | 9 | 19 | 17 |
| 15 | | R. | 9 | 2 | 17 |
| 16 | | R. | 8 | 44 | 18 |
| 17 | | R. | 8 | 26 | 18 |
| 18 | | R. | 8 | 8 | 18 |
| 19 | | R. | 7 | 50 | 18 |
| 20 | | R. | 7 | 32 | 18 |
| 21 | | R. | 7 | 14 | 18 |
| 22 | | R. | 6 | 55 | 19 |
| 23 | | R. | 6 | 36 | 19 |
| 24 | | R. | 6 | 17 | 19 |
| 25 | | R. | 5 | 38 | 19 |
| 26 | | R. | 5 | 40 | 18 |
| 27 | | R. | 5 | 21 | 19 |
| 28 | | R. | 5 | 2 | 19 |
| 29 | | R. | 4 | 44 | 18 |
| 30 | | R. | 4 | 25 | 19 |
| 31 | | R. | 4 | 6 | 19 |
| | | | | | 18 |

## TABLE D'ÉQUATION.

| Jours du mois | AVRIL. | | | | L'équation change en 24 heures. |
|---|---|---|---|---|---|
| | | | MIN. | SEC. | SEC. |
| 1 | Le soleil retarde. | R. | 3 | 48 | 18 |
| 2 | | R. | 3 | 30 | 19 |
| 3 | | R. | 3 | 11 | 18 |
| 4 | | R. | 2 | 53 | 18 |
| 5 | | R. | 2 | 35 | 18 |
| 6 | | R. | 2 | 17 | 17 |
| 7 | | R. | 2 | 0 | 17 |
| 8 | | R. | 1 | 43 | 17 |
| 9 | | R. | 1 | 26 | 17 |
| 10 | | R. | 1 | 9 | 16 |
| 11 | | R. | 0 | 53 | 16 |
| 12 | | R. | 0 | 37 | 16 |
| 13 | | R. | 0 | 21 | 16 |
| 14 | | R. | 0 | 6 | 15 |
| 15 | | Avance. | 0 | 9 | 15 |
| 16 | | A. | 0 | 24 | 15 |
| 17 | | A. | 0 | 39 | 14 |
| 18 | | A. | 0 | 53 | 13 |
| 19 | | A. | 1 | 6 | 13 |
| 20 | | A. | 1 | 19 | 13 |
| 21 | | A. | 1 | 32 | 12 |
| 22 | | A. | 1 | 44 | 12 |
| 23 | | A. | 1 | 56 | 12 |
| 24 | | A. | 2 | 8 | 11 |
| 25 | | A. | 2 | 19 | 10 |
| 26 | | A. | 2 | 29 | 10 |
| 27 | | A. | 2 | 39 | 9 |
| 28 | | A. | 2 | 48 | 9 |
| 29 | | A. | 2 | 57 | 8 |
| 30 | | A | 3 | 5 | 8 |

## TABLE D'ÉQUATION.

| Jours du mois. | MAI. | | | | L'équation change en 24 heures. |
|---|---|---|---|---|---|
| | | | MIN. | SEC. | SEC. |
| 1 | Le soleil avance. | A. | 3 | 13 | |
| 2 | | A. | 3 | 20 | 7 |
| 3 | | A. | 3 | 27 | 7 |
| 4 | | A. | 3 | 33 | 6 |
| 5 | | A. | 3 | 39 | 6 |
| 6 | | A. | 3 | 44 | 5 |
| 7 | | A. | 3 | 48 | 4 |
| 8 | | A. | 3 | 52 | 4 |
| 9 | | A. | 3 | 56 | 4 |
| 10 | | A. | 3 | 59 | 3 |
| 11 | | A. | 4 | 1 | 2 |
| 12 | | A. | 4 | 2 | 1 |
| 13 | | A. | 4 | 3 | 1 |
| 14 | | A. | 4 | 4 | 1 |
| 15 | | A. | 4 | 4 | 0 |
| 16 | | A. | 4 | 3 | 1 |
| 17 | | A. | 4 | 2 | 1 |
| 18 | | A. | 4 | 0 | 2 |
| 19 | | A. | 3 | 58 | 2 |
| 20 | | A. | 3 | 55 | 3 |
| 21 | | A. | 3 | 51 | 4 |
| 22 | | A. | 3 | 47 | 4 |
| 23 | | A. | 3 | 43 | 4 |
| 24 | | A. | 3 | 38 | 5 |
| 25 | | A. | 3 | 32 | 6 |
| 26 | | A. | 3 | 26 | 6 |
| 27 | | A. | 3 | 19 | 7 |
| 28 | | A. | 3 | 12 | 7 |
| 29 | | A. | 3 | 5 | 7 |
| 30 | | A. | 2 | 57 | 8 |
| 31 | | A. | 2 | 49 | 8 |
| | | | | | 9 |

## TABLE D'ÉQUATION.

| Jours du mois. | | JUIN. | MIN. | SEC. | L'équation change en 24 heures. SEC. |
|---|---|---|---|---|---|
| 1 | Le soleil avance. | A. | 2 | 40 | |
| 2 | | A. | 2 | 31 | 9 |
| 3 | | A. | 2 | 21 | 10 |
| 4 | | A. | 2 | 11 | 10 |
| 5 | | A. | 2 | 1 | 10 |
| 6 | | A. | 1 | 51 | 10 |
| 7 | | A. | 1 | 40 | 11 |
| 8 | | A. | 1 | 29 | 11 |
| 9 | | A. | 1 | 18 | 11 |
| 10 | | A. | 1 | 6 | 12 |
| 11 | | A. | 0 | 54 | 12 |
| 12 | | A. | 0 | 42 | 12 |
| 13 | | A. | 0 | 30 | 12 |
| 14 | | A. | 0 | 18 | 12 |
| 15 | | A. | 0 | 5 | 13 |
| 16 | | Retarde. | 0 | 8 | 13 |
| 17 | | R. | 0 | 21 | 13 |
| 28 | | R. | 0 | 34 | 13 |
| 19 | | R. | 0 | 47 | 13 |
| 20 | | R. | 1 | 0 | 13 |
| 21 | | R. | 1 | 13 | 13 |
| 22 | | R. | 1 | 26 | 13 |
| 23 | | R. | 1 | 39 | 13 |
| 24 | | R. | 1 | 52 | 13 |
| 25 | | R. | 2 | 5 | 12 |
| 26 | | R. | 2 | 17 | 12 |
| 27 | | R. | 2 | 29 | 12 |
| 28 | | R. | 2 | 41 | 12 |
| 29 | | R. | 2 | 53 | 12 |
| 30 | | R. | 3 | 5 | 12 |
| | | | | | 11 |

## TABLE D'ÉQUATION.

| Jours du mois. | JUILLET. | | | | L'équation change en 24 heures. |
|---|---|---|---|---|---|
| | | | MIN. | SEC. | SEC. |
| 1 | Le soleil retarde. | R. | 3 | 16 | |
| 2 | | R. | 3 | 27 | 11 |
| 3 | | R. | 3 | 38 | 11 |
| 4 | | R. | 3 | 49 | 11 |
| 5 | | R. | 4 | 0 | 11 |
| 6 | | R. | 4 | 10 | 10 |
| 7 | | R. | 4 | 19 | 9 |
| 8 | | R. | 4 | 28 | 9 |
| 9 | | R. | 4 | 37 | 9 |
| 10 | | R. | 4 | 46 | 9 |
| 11 | | R. | 4 | 54 | 8 |
| 12 | | R. | 5 | 2 | 8 |
| 13 | | R. | 5 | 9 | 7 |
| 14 | | R. | 5 | 16 | 7 |
| 15 | | R. | 5 | 22 | 6 |
| 16 | | R. | 5 | 28 | 6 |
| 17 | | R. | 5 | 33 | 5 |
| 18 | | R. | 5 | 38 | 5 |
| 19 | | R. | 5 | 42 | 4 |
| 20 | | R. | 5 | 46 | 4 |
| 21 | | R. | 5 | 49 | 3 |
| 22 | | R. | 5 | 51 | 2 |
| 23 | | R. | 5 | 53 | 2 |
| 24 | | R. | 5 | 55 | 2 |
| 25 | | R. | 5 | 56 | 1 |
| 26 | | R. | 5 | 56 | 0 |
| 27 | | R. | 5 | 55 | 1 |
| 28 | | R. | 5 | 54 | 1 |
| 29 | | R. | 5 | 53 | 1 |
| 30 | | R. | 5 | 51 | 2 |
| 31 | | R. | 5 | 48 | 3 |
| | | | | | 4 |

## TABLE D'ÉQUATION.

| Jours du mois. | AOUT. | | | | L'équation change en 24 heures. |
|---|---|---|---|---|---|
| | | | MIN. | SEC. | SEC. |
| 1 | Le soleil retarde. | R. | 5 | 44 | 4 |
| 2 | | R. | 5 | 40 | 4 |
| 3 | | R. | 5 | 36 | 5 |
| 4 | | R. | 5 | 31 | 6 |
| 5 | | R. | 5 | 25 | 6 |
| 6 | | R. | 5 | 19 | 7 |
| 7 | | R. | 5 | 12 | 7 |
| 8 | | R. | 5 | 5 | 8 |
| 9 | | R. | 4 | 57 | 9 |
| 10 | | R. | 4 | 48 | 9 |
| 11 | | R. | 4 | 39 | 10 |
| 12 | | R. | 4 | 29 | 10 |
| 13 | | R. | 4 | 19 | 11 |
| 14 | | R. | 4 | 8 | 12 |
| 15 | | R. | 3 | 56 | 12 |
| 16 | | R. | 3 | 44 | 12 |
| 17 | | R. | 3 | 32 | 13 |
| 18 | | R. | 3 | 19 | 13 |
| 19 | | R. | 3 | 6 | 14 |
| 20 | | R. | 2 | 52 | 14 |
| 21 | | R. | 2 | 38 | 15 |
| 22 | | R. | 2 | 23 | 15 |
| 23 | | R. | 2 | 8 | 16 |
| 24 | | R. | 1 | 52 | 16 |
| 25 | | R. | 1 | 36 | 17 |
| 26 | | R. | 1 | 19 | 17 |
| 27 | | R. | 1 | 2 | 17 |
| 28 | | R. | 0 | 45 | 17 |
| 29 | | R. | 0 | 28 | 18 |
| 30 | | R. | 0 | 10 | 18 |
| 31 | | R. | 0 | 8 | 19 |

## TABLE D'ÉQUATION.

| Jours du mois. | SEPTEMBRE. | | | | L'équation change en 24 heures. |
|---|---|---|---|---|---|
| | | | MIN. | SEC. | M. C. |
| 1 | Le soleil avance. | A. | 0 | 27 | |
| 2 | | A. | 0 | 46 | 19 |
| 3 | | A. | 1 | 5 | 19 |
| 4 | | A. | 1 | 24 | 19 |
| 5 | | A. | 1 | 43 | 19 |
| 6 | | A. | 2 | 3 | 20 |
| 7 | | A. | 2 | 23 | 20 |
| 8 | | A. | 2 | 43. | 20 |
| 9 | | A. | 3 | 3 | 20 |
| 10 | | A. | 3 | 23 | 20 |
| 11 | | A. | 3 | 44 | 21 |
| 12 | | A. | 4 | 5 | 21 |
| 13 | | A. | 4 | 26 | 21 |
| 14 | | A. | 4 | 47 | 21 |
| 15 | | A. | 5 | 8 | 21 |
| 16 | | A. | 5 | 29 | 21 |
| 17 | | A. | 5 | 49 | 20 |
| 18 | | A. | 6 | 10 | 21 |
| 19 | | A. | 6 | 31 | 21 |
| 20 | | A. | 6 | 52 | 21 |
| 21 | | A. | 7 | 13 | 21 |
| 22 | | A. | 7 | 34 | 21 |
| 23 | | A. | 7 | 54 | 20 |
| 24 | | A. | 8 | 14 | 20 |
| 25 | | A. | 8 | 34 | 20 |
| 26 | | A. | 8 | 54 | 20 |
| 27 | | A. | 9 | 14 | 20 |
| 28 | | A. | 9 | 34 | 20 |
| 29 | | A. | 9 | 53 | 19 |
| 30 | | A. | 10 | 12 | 19 |
| | | | | | 19 |

## TABLE D'ÉQUATION.

| Jours du mois. | OCTOBRE. | | | | L'équation change en 24 heures. |
|---|---|---|---|---|---|
| | | | MIN. | SEC. | SEC. |
| 1 | Le soleil avance. | A. | 10 | 31 | 18 |
| 2 | | A. | 10 | 49 | 18 |
| 3 | | A. | 11 | 7 | 18 |
| 4 | | A. | 11 | 25 | 18 |
| 5 | | A. | 11 | 43 | 17 |
| 6 | | A. | 12 | 0 | 17 |
| 7 | | A. | 12 | 17 | 16 |
| 8 | | A. | 12 | 33 | 15 |
| 9 | | A. | 12 | 48 | 15 |
| 10 | | A. | 13 | 3 | 15 |
| 11 | | A. | 13 | 18 | 15 |
| 12 | | A. | 13 | 33 | 14 |
| 13 | | A. | 13 | 47 | 13 |
| 14 | | A. | 14 | 0 | 13 |
| 15 | | A. | 14 | 13 | 12 |
| 16 | | A. | 14 | 25 | 11 |
| 17 | | A. | 14 | 36 | 11 |
| 18 | | A. | 14 | 47 | 10 |
| 19 | | A. | 14 | 57 | 10 |
| 20 | | A. | 15 | 7 | 9 |
| 21 | | A. | 15 | 16 | 9 |
| 22 | | A. | 15 | 25 | 8 |
| 23 | | A. | 15 | 33 | 7 |
| 24 | | A. | 15 | 40 | 6 |
| 25 | | A. | 15 | 46 | 5 |
| 26 | | A. | 15 | 51 | 5 |
| 27 | | A. | 15 | 56 | 5 |
| 28 | | A. | 16 | 1 | 4 |
| 29 | | A. | 16 | 5 | 2 |
| 30 | | A. | 16 | 7 | 2 |
| 31 | | A. | 16 | 9 | 0 |

## TABLE D'ÉQUATION.

| Jours du mois. | | NOVEMBRE. | | | L'équation change en 24 heures. |
|---|---|---|---|---|---|
| | | | MIN. | SEC. | SEC. |
| 1 | Le soleil avance. | A. | 16 | 9 | |
| 2 | | A. | 16 | 9 | 0 |
| 3 | | A. | 16 | 8 | 1 |
| 4 | | A. | 16 | 7 | 1 |
| 5 | | A. | 16 | 5 | 2 |
| 6 | | A. | 16 | 2 | 3 |
| 7 | | A. | 15 | 58 | 4 |
| 8 | | A. | 15 | 53 | 5 |
| 9 | | A. | 15 | 47 | 6 |
| 10 | | A. | 15 | 40 | 7 |
| 11 | | A. | 15 | 33 | 7 |
| 12 | | A. | 15 | 25 | 8 |
| 13 | | A. | 15 | 16 | 9 |
| 14 | | A. | 15 | 6 | 10 |
| 15 | | A. | 14 | 56 | 10 |
| 16 | | A. | 14 | 44 | 12 |
| 17 | | A. | 14 | 32 | 12 |
| 18 | | A. | 14 | 19 | 13 |
| 19 | | A. | 14 | 5 | 14 |
| 20 | | A. | 13 | 50 | 15 |
| 21 | | A. | 13 | 43 | 16 |
| 22 | | A. | 13 | 17 | 17 |
| 23 | | A. | 13 | 0 | 17 |
| 24 | | A. | 12 | 42 | 18 |
| 25 | | A. | 12 | 23 | 19 |
| 26 | | A. | 12 | 4 | 19 |
| 27 | | A. | 11 | 44 | 20 |
| 28 | | A. | 11 | 23 | 21 |
| 29 | | A. | 11 | 2 | 21 |
| 30 | | A. | 10 | 40 | 22 |
| | | | | | 23 |

## TABLE D'ÉQUATION.

| Jours du mois. | DÉCEMBRE. | | | | L'équation change en 24 heures. |
|---|---|---|---|---|---|
| | | | MIN. | SEC. | SEC. |
| 1 | Le soleil avance. | A. | 10 | 17 | 24 |
| 2 | | A. | 9 | 53 | 24 |
| 3 | | A. | 9 | 29 | 25 |
| 4 | | A. | 9 | 4 | 25 |
| 5 | | A. | 8 | 39 | 26 |
| 6 | | A. | 8 | 13 | 26 |
| 7 | | A. | 7 | 47 | 27 |
| 8 | | A. | 7 | 20 | 27 |
| 9 | | A. | 6 | 53 | 28 |
| 10 | | A. | 6 | 25 | 28 |
| 11 | | A. | 5 | 57 | 28 |
| 12 | | A. | 5 | 29 | 29 |
| 13 | | A. | 5 | 0 | 29 |
| 14 | | A. | 4 | 31 | 29 |
| 15 | | A. | 4 | 2 | 29 |
| 16 | | A. | 3 | 33 | 29 |
| 17 | | A. | 3 | 4 | 30 |
| 18 | | A. | 2 | 34 | 30 |
| 19 | | A. | 2 | 4 | 30 |
| 20 | | A. | 1 | 34 | 30 |
| 21 | | A. | 1 | 4 | 30 |
| 22 | | A. | 0 | 34 | 30 |
| 23 | | A. | 0 | 4 | 30 |
| 24 | | Retarde. | 0 | 26 | 30 |
| 25 | | R. | 0 | 56 | 30 |
| 26 | | R. | 1 | 26 | 30 |
| 27 | | R. | 1 | 56 | 29 |
| 28 | | R. | 2 | 25 | 29 |
| 29 | | R. | 2 | 54 | 29 |
| 30 | | R. | 3 | 23 | 29 |
| 31 | | R. | 3 | 52 | 29 |

## TABLE

*Qui marque les hauteurs que doivent avoir les* styles, *pour des longueurs données de lignes méridiennes.*

| LONGUEUR de la LIGNE MÉRIDIENNE. | | HAUTEUR du STYLE. | | |
|---|---|---|---|---|
| PIEDS. | POUCES. | PIEDS. | POUCES. | LIGNES. |
| 0 | 6 | 0 | 1 | 10 |
| 0 | 10 | 0 | 3 | 2 |
| 1 | 0 | 0 | 3 | 9 |
| 1 | 3 | 0 | 4 | 9 |
| 1 | 6 | 0 | 5 | 8 |
| 2 | 0 | 0 | 7 | 7 |
| 2 | 3 | 0 | 8 | 6 |
| 2 | 6 | 0 | 9 | 6 |
| 3 | 0 | 0 | 11 | 5 |
| 3 | 6 | 1 | 1 | 3 |
| 4 | 0 | 1 | 3 | 3 |
| 5 | 0 | 1 | 7 | 1 |
| 6 | 0 | 1 | 10 | 11 |
| 7 | 0 | 2 | 2 | 9 |
| 8 | 0 | 2 | 6 | 7 |
| 9 | 0 | 2 | 10 | 5 |
| 10 | 0 | 3 | 2 | 3 |
| 12 | 0 | 3 | 9 | 10 |
| 14 | 0 | 4 | 5 | 7 |
| 15 | 0 | 4 | 9 | 5 |
| 17 | 0 | 5 | 5 | 1 |
| 20 | 0 | 6 | 4 | 7 |
| 24 | 0 | 7 | 7 | 9 |
| 30 | 0 | 9 | 6 | 10 |

# INDICATION

DES

# RÈGLES, OBSERVATIONS

## ET CALCULS,

A METTRE EN USAGE

Pour faire servir les Montres d'observations à temps égal : 1° à l'usage ordinaire du public ; 2° à la détermination des longitudes terrestres et marines ;

SERVANT D'ADDITIONS A

L'ART DE CONDUIRE ET DE RÉGLER LES PENDULES ET LES MONTRES.

PAR LE MÊME AUTEUR.

# AVERTISSEMENT

## SUR CES ADDITIONS.

---

L'Art de régler les pendules et les montres, publié pour la première fois en 1759, contient la manière de conduire et de régler les montres ordinaires, faites à l'usage du public. Depuis cette époque, l'Horlogerie s'est enrichie d'une nouvelle sorte de montres, à l'usage des navigateurs; et ces montres ne peuvent être conduites de la même manière que celles du public. L'Auteur a cru devoir indiquer quelques règles pour ces dernières sortes de montres, aujourd'hui en usage parmi les amateurs : il les joint ici en forme d'additions à l'*Art de régler les pendules et les montres*.

# INDICATION

DES

# RÈGLES, OBSERVATIONS ET CALCULS,

A METTRE EN USAGE

Pour faire servir les Montres astronomiques, ou d'observations à temps égal (*); 1° à l'usage ordinaire du public; 2° à la détermination des longitudes terrestres et marines.

## ARTICLE PREMIER.

Relatif à l'usage ordinaire des Montres à Temps égal.

### RÈGLE PREMIÈRE.

Nous établirons ici pour règle fondamentale, qu'une telle montre ne doit et ne peut mesurer qu'un temps égal, uniforme, appelé

(*) J'ai traité avec beaucoup d'étendue et de détails des principes de construction, d'épreuve, etc., des montres astronomiques de poche, dans l'ouvrage qui a pour titre : *De la Mesure du Temps*, ou Supplément, seconde partie, qui comprend depuis le n° 590, jusqu'à celui 705. Ce travail ne fut publié qu'en 1787.

le *temps moyen*; car il serait aussi absurde que ridicule de vouloir faire suivre les variations du soleil à une machine qui, par sa nature (*) et ses usages, soit dans la navigation, soit dans l'Astronomie, ne doit mesurer qu'un temps égal et uniforme.

RÈGLE II.

La position naturelle de la montre *astronomique* portative à temps égal, est la verticale ; position que l'observateur doit lui conserver constamment, soit qu'il la porte sur soi, qu'il la fasse marcher chez lui en repos, qu'il la fasse servir en mer, placée dans un vaisseau, ou qu'il la transporte à terre dans une voiture. Si l'observateur porte la montre sur lui, il se servira d'un cordon passé autour du cou, en *sautoir* ; ce cordon por-

quoiqu'il eût été composé immédiatement après le *Traité des Horloges à Longitudes*, c'est-à-dire vers 1774.

J'appelle Montre *à Temps égal*, celle dont la marche est constamment uniforme, malgré les variations de la température, des frottemens, etc. Telles sont les bonnes montres à longitudes.

(*) Voyez Art. IV, p. 35.

tera un porte-mousqueton auquel il suspendra la montre à la hauteur convenable pour qu'elle se trouve logée dans le creux de l'estomac : si l'observateur veut employer la montre à trouver les longitudes terrestres, il pourra porter la montre sur lui de la manière que nous venons de le dire, ou pour le mieux, il la placera dans une boîte verticale attachée à la chaise de poste ; ou enfin, si l'observateur veut faire servir sa montre à la mer, elle devra être placée sur une suspension renfermée dans une caisse avec un thermomètre.

RÈGLE III.

*L'observateur ne peut pas toucher à la Montre pour la régler lui-même.*

Dans les montres ordinaires à l'usage du public, tout possesseur d'une montre peut la conduire et régler à son gré ; mais il n'en est pas de même pour les montres d'observations, parce que peu de personnes sont en état de faire ces opérations délicates, qui d'ailleurs exposent la montre à divers accidens, à la poussière, etc. Il vaut donc mieux que cette partie de la montre soit fermée, et recourir au besoin à l'artiste qui l'a faite. Nous observerons de plus, que, si la montre est bien faite, on a rarement besoin d'y toucher; il suffit de tenir compte de sa marche.

### RÈGLE IV.

Il est de nécessité absolue que la marche d'une montre à temps égal soit uniforme, mais on ne peut exiger qu'elle soit rigoureusement réglée, c'est-à-dire qu'elle suive exactement le moyen mouvement du soleil : c'est une condition difficile à remplir, et il est inutile de l'exiger. Il suffit, dans les différens usages de ces machines, de connaître la quantité dont une montre avance, ou dont elle retarde en 24 heures, afin de tenir compte de son avance ou de son retard journalier, toutes les fois que l'observateur voudra faire usage du temps absolu de la montre pour ses observations.

On ne doit pas confondre une montre qui n'est pas réglée avec celle qui varie; ces deux choses sont tout-à-fait différentes : la montre qui avance aujourd'hui et qui retarde ensuite, varie; elle ne peut jamais être réglée, et on ne peut compter sur le temps qu'elle mesure; au lieu que la montre dont le mouvement est uniforme peut être réglée, et elle peut même être réputée réglée, lorsqu'on connaît la quantité de son avance ou de son retard journalier, sur le moyen mouvement du soleil; et il est toujours facile d'en tenir compte; car, si je suppose qu'elle avance de 2 secondes par jour, en 30 jours, elle devra avancer d'une minute, etc.

RÈGLE V.

On ne doit jamais toucher à l'aiguille des secondes de la montre, et seulement à celle des minutes et des heures, et le plus rarement possible, et surtout avec précaution.

RÈGLE VI.

La montre doit être remontée tous les jours à peu près à la même heure. On doit avoir attention à ne pas la monter à rebours, en tournant la clé du côté contraire, crainte de casser des pièces de la montre. On observera pour cet effet, que si la montre se remonte par la face du cadran, on doit faire tourner la clé de gauche à droite, c'est-à-dire dans le sens même où tournent les aiguilles; si au contraire le remontoir se fait en-dessous de la boîte; on doit faire tourner la clé de droite à gauche.

RÈGLE VII.

Lorsque la montre éprouvera de trop grands froids au-dessous de la glace, il sera nécessaire de la placer dans un endroit que l'on puisse faire chauffer par le moyen d'une lampe, afin de conserver fluide l'huile qui est employée dans la montre : elle ne doit supporter que 5 degrés du thermomètre de Réaumur, au-dessous de la glace; car au-dessous de 5 degrés, non seulement les huiles cessent d'être fluides, mais dès-lors les frottemens deviennent très nuisibles, et au point de faire arrêter la montre et de détruire les parties frottantes, tant le froid augmente *l'âpreté* des corps.

RÈGLE VIII.

Lorsqu'on envoie la montre par terre par la poste, etc., il faut arrêter le balancier au moyen de la détente destinée à cet usage, etc.

*Observation première.*

La montre la plus parfaite éprouve à la longue quelques légères variations, à mesure que les huiles s'épaississent, effet qui exige que l'observateur vérifie souvent sa montre, et tienne compte de ces différences.

*Observation* II.

Les montres à temps égal ou à longitudes ont un mécanisme particulier qui sert à corriger les variations causées par les effets de la température; en sorte que si l'artiste a fait choix d'une bonne combinaison pour ce mécanisme, s'il l'a bien exécuté et s'il l'a conduit au point convenable pour produire l'exacte compensation des effets du chaud et du froid, la montre n'éprouvera aucune variation par ces effets. Mais en supposant qu'en passant du chaud au froid, elle éprouve quelques différences dans sa marche, l'observateur peut encore la ramener à l'égalité, et tenir compte de ces différences par des épreuves qu'il aura faites, et au moyen desquelles il aura pu dresser une table ou *équation pour la température.*

*Comment l'observateur doit vérifier la marche de la Montre portative* À TEMPS ÉGAL, *pour son usage particulier.*

On a trois méthodes propres à juger de la marche d'une montre pour l'usage de l'observateur.

La première est celle de comparer le temps de la montre à celui d'une bonne pendule à secondes, réglée sur le temps moyen. Par une première comparaison on trouve la différence du temps de la montre à celui de la pendule. La seconde comparaison faite à la même heure, quelques jours après la première, donne la différence du temps de la montre au temps moyen. Si dans les deux comparaisons le temps de la montre diffère des mêmes quantités sur celui de la pendule, la montre est réglée sur le temps moyen, etc.

La seconde méthode consiste dans la comparaison du temps de la montre au passage du soleil au méridien. Pour cet effet, si à l'instant du passage du soleil au méridien, on fait marquer à une montre l'heure indiquée par la table qui a pour titre : *Temps moyen au midi vrai*, insérée *dans la connaissance des Temps* ou *dans l'Annuaire*, et que nous avons placée à la fin de cet ouvrage, au jour proposé, et que, quelques-jours après cette première comparaison, on compare de nouveau l'heure marquée par la montre à l'instant du midi vrai ; si la montre est réglée sur le moyen mouvement du soleil, il faut qu'elle marque exactement la minute et la seconde indiquées par la table du temps moyen au midi vrai pour le jour de cette seconde observation : et si le temps de la montre diffère en plus ou en moins de celui de la table, ce sera une preuve qu'elle n'est pas réglée sur le temps moyen; mais on connaîtra précisément la quantité de son avance ou retard journalier sur le moyen mouvement du soleil.

La troisième méthode à employer pour connaître la marche de la montre est celle de faire usage de la *méridienne du temps* *moyen* (*). La méridienne du temps moyen est fort utile pour régler les montres sans recourir aux tables d'équation; car, si on met, un jour quelconque, la montre au midi de la courbe du mois où l'on est, si cette montre est bien réglée, elle doit toujours suivre le midi du temps moyen, lorsque le point de lumière se rencontre sur la suite de la même courbe.

*Remarque essentielle sur les procédés à suivre pour vérifier la marche de la Montre.*

Nous avons établi pour conditions, règles

(*) La méridienne du temps moyen est une ligne courbe, faite à peu près comme un 8 de chiffre fort alongé, serpentant autour de la méridienne du temps vrai : cette méridienne est telle, que, si l'on a une pendule à secondes, réglée sur le moyen mouvement du soleil, et qu'on lui fasse marquer midi, lorsque la lumière du trou de la plaque passe par cette courbe à l'endroit convenable, marqué par les noms des mois qui doivent être autour, la pendule marquera toute l'année midi, lorsque le soleil sera dans cette courbe.

En 1809, le Sénat-Conservateur fit tracer dans son palais une méridienne du temps moyen; elle est placée au-dessus de la grande porte du palais, du côté du jardin.

3 et 4, que l'observateur ne peut pas toucher lui-même à la montre pour la régler, ni aux aiguilles même ; et ces conditions sont essentielles à la conservation de la montre et à la justesse de sa marche. Lors donc que l'observateur voudra vérifier la marche de sa montre par l'une ou l'autre des méthodes que nous venons d'indiquer, il doit simplement noter sur un petit registre ou portefeuille, la différence du temps marqué par sa montre, au moment qu'il l'observe, soit à la pendule ou au soleil. Si la montre est réglée sur le moyen mouvement du soleil, la différence qu'il a trouvée lors de la première observation, doit être la même à la seconde. Si cette différence n'est pas la même, il connaîtra (sans avoir touché à la montre) sûrement de combien la montre diffère du temps moyen, par les notes portées sur son registre.

# ARTICLE II.

Indication des Observations, Calculs, etc., dont il est indispensable de faire usage, lorsque l'on veut faire servir la Montre à la détermination des longitudes, soit à terre ou à la mer.

Les méthodes que nous avons indiquées ci-devant pour établir la marche d'une montre, sont suffisamment exactes pour l'usage particulier de l'observateur; mais ces mêmes méthodes ne peuvent plus être employées, lorsque la montre est destinée à la détermination des longitudes soit terrestres ou marines. Ici il faut connaître avec la plus rigoureuse précision la marche journalière de la montre, et pour cela il faut recourir aux méthodes astronomiques et aux instrumens destinés à ces sortes d'observations. Nous avons traité avec beaucoup de détail, des observations et des calculs que l'usage des horloges exige pour servir à la détermination des longitudes, à la mer et à la terre, dans l'ouvrage qui a pour titre : *Les Longitudes par la mesure du Temps* (*), etc. Paris, 1773, in-4°.

Avant de présenter les titres de cet ouvrage que l'on peut consulter, nous allons donner quelques observations préliminaires, relatives à l'usage des horloges à longitudes.

*Observations préliminaires.*

Pour transporter l'horloge par terre, il faut arrêter le balancier au moyen de la *détente* destinée à cet usage ; on doit de même suspendre l'effet de la suspension de l'horloge en fixant le poids de cette suspension.

L'horloge étant arrivée au port, on peut remonter le mouvement et le faire marcher en écartant la détente d'arrêt du balancier. Mais pour transporter l'horloge dans le vaisseau, la suspension doit être conservée en

(*) L'observateur qui désirera s'instruire de ce qui concerne l'usage des horloges, doit surtout consulter l'ouvrage que M. de Fleurieu publia en 1773, et qui a pour titre : *Voyage*, etc., de l'imprimerie Royale. L'appendice qui termine ce grand et bel ouvrage, contient, dans le plus grand détail, les principes et les règles que l'observateur doit suivre dans l'usage des horloges pour la navigation.

arrêt, et on ne la rendra libre que dans le vaisseau.

*Observations relatives à l'établissement de l'Horloge, etc.*

1° L'horloge doit être placée dans une armoire fermée à clé, et dans laquelle elle sera *amarrée* solidement, mais de manière cependant à pouvoir au besoin la retirer pour être portée sur le pont du vaisseau, et servir aux observations propres à déterminer l'heure du soleil, ou, si l'observateur est muni d'une montre ordinaire à secondes, il pourra s'en servir pour faire les observations, qu'il rapportera ensuite au temps de l'horloge.

2° L'horloge doit être placée dans le lieu du vaisseau dont la température soit la plus constante et ne puisse changer trop subitement, et dont les agitations soient moins sensibles.

3° La position de l'horloge dans le vaisseau doit être telle, que les plus grands arcs que puisse décrire la suspension, se fassent dans le sens du *roulis*. Pour cet effet, les 15°

et 45$^{e}$ minutes du cadran doivent être dans la même ligne que la *quille* du vaisseau.

4° Pour déterminer la longitude par le moyen de l'heure donnée par l'horloge, il est nécessaire de connaître avec précision, avant le départ du vaisseau, 1° la marche journalière de l'horloge, c'est-à-dire la quantité de son avance ou de son retard en 24 heures sur le temps moyen ; 2° il faut connaître de même la différence du temps de l'horloge à l'heure du temps moyen du port du départ.

La connaissance de cet état de l'horloge servira à l'observateur pendant la durée de la campagne, pour en conclure la longitude du vaisseau, lorsqu'il aura fait de nouvelles observations. Pour cet effet, l'observateur doit tenir un registre ou journal de toutes ses observations.

*Articles de l'Ouvrage qui a pour titre :* Les longitudes par la mesure du temps (*), *auxquels nous renvoyons l'observateur chargé d'une montre portative verticale à temps égal, lorsqu'il voudra la faire servir à la détermination des longitudes, soit en mer, soit à terre.*

Le chapitre Ier contient les notions générales des longitudes et des latitudes, et comment on détermine les longitudes par le secours des horloges.

Le chapitre II indique les précautions à employer dans la conduite des horloges.

Le chapitre III traite de la division du temps; du temps mesuré par les horloges, du *temps moyen* et du *temps vrai*, de l'équation du temps. (*Voy.* pag. 11.)

(*) *Les Longitudes par la mesure du Temps, ou Méthode pour déterminer les longitudes en mer et par les horloges, et à terre par les montres.* Paris, 1775, par M. Ferdinand Berthoud.

Cet ouvrage indique toutes les observations et calculs relatifs à la détermination des longitudes, et contient le recueil des Tables nécessaires à l'observateur.

2° Des observations qu'il est nécessaire de faire pour déterminer les longitudes terrestres par le moyen des montres, page 70.

3° Trouver l'heure par des hauteurs correspondantes prises avec un quart de cercle, page 72.

4° Trouver la latitude et la longitude, page 73.

---

## ARTICLE III.

### De la construction de l'Instrument propre à établir la marche de la Montre qui doit déterminer la longitude à terre; des Observations et Calculs relatifs à cet usage.

Un avantage précieux dans la méthode des montres pour la détermination des longitudes terrestres, est celui de pouvoir vérifier leur marche aussi souvent que l'on veut ; au lieu qu'employées à la mer, le vaisseau peut être plusieurs mois en mer sans relâcher ; ce qui rend moins certaines ces déterminations, ou, ce qui revient au même, ce qui exige dans ces machines une perfection plus rigoureuse. L'instrument à employer pour déterminer les longitudes terrestres, doit donc être construit de sorte que la vérification de la marche de la montre se fasse facilement et promptement. Voilà la première des conditions à exiger de l'instrument dont l'observateur doit faire usage. La seconde condition, c'est que cet instrument soit réduit à un petit volume pour être plus portatif. La troisième condition, c'est que par son moyen on puisse obtenir l'heure du lieu de l'observateur, avec la précision requise, de même que la latitude ; enfin, que l'instrument soit simple et porté à un prix modéré.

Nous pensons qu'en l'état de perfection où sont portés de nos jours les instrumens astronomiques, on pourra obtenir les conditions que nous venons d'annoncer ; et peut être le cercle astronomique de Mayer, perfectionné par Borda, suffit pour les remplir. Je me permettrai, à son défaut, d'en proposer un autre que j'ai construit et fait exécuter, il y a environ trente ans, et qui fait partie du dépôt dont je suis chargé par le Gouvernement.

Cet instrument tient lieu du quart de cercle et de l'instrument des passages. Comme quart de cercle, il sert à trouver la latitude et sert à prendre des hauteurs correspondantes du soleil pour trouver l'heure, et à placer l'instrument des passages dans le plan du méridien : comme instrument des passages, il sert à connaître promptement la marche de la montre.

Pour faciliter l'usage de cet instrument, l'observateur doit être muni d'une boussole qui servira à diriger la lunette de l'instrument des passages, à peu près dans le plan du méridien.

L'instrument des passages et des hauteurs est représenté tome II, planche XIX de l'*Histoire de la mesure du temps*, et sa description, p. 137, art. XI du même volume.

## ARTICLE VI.

**Du transport de la Montre par terre, dans une chaise ou voiture de poste, lorsqu'elle doit servir à la détermination des longitudes terrestres.**

Lorsque la montre à longitudes est employée en mer, elle doit être placée verticalement sur sa suspension. Mais cette suspension ne peut pas servir à terre dans une voiture, à cause des mouvemens brusques et irréguliers auxquels elle se trouve exposée. Si donc on veut la laisser à demeure dans sa même boîte, il faut alors suspendre les effets de la suspension; mais dans ce cas il serait préférable de placer la montre dans une petite boîte particulière faite à ce dessein, parce qu'elle deviendrait moins embarrassante; et l'observateur placerait cette boîte à côté de lui sur le coussin de la voiture, et arrêtée simplement par des courroies, et la montre resterait sensiblement dans la position verticale qui lui est propre; et arrivé dans le lieu où l'observateur doit coucher, il poserait simplement la boîte sur une table ou sur une cheminée pour y passer la nuit.

L'observateur pourrait porter tout simplement la montre sur soi, verticalement, dans la poche de sa veste; mais je pense qu'il est préférable de la placer dans une petite boîte, parce que dans sa poche la montre éprouvera une température qui différera trop de celle qu'elle aura pendant la nuit, placée sur une table, ce qui pourrait causer quelques changemens dans sa marche, pour peu que la correction des effets du chaud et du froid ne fût pas rigoureusement complète; au lieu que par l'autre moyen, la température ne différera pas si sensiblement du jour dans la chaise, et de la nuit dans une chambre. D'ailleurs la position de la montre sera plus constamment la même dans la voiture et sur la table, qu'elle ne le serait étant portée dans la poche de l'observateur.

### REMARQUE.

Nous avons supposé ci-devant que l'observateur chargé de déterminer les longitudes, soit à terre, soit en mer, était muni d'une montre astronomique verticale, parce que ces sortes de montres peuvent être portées sur soi, et paraissent, par cette raison, plus commodes; mais nous pensons que la même montre établie pour servir dans la position horizontale, doit procurer une justesse plus constante, et mérite par là d'être préférée, surtout pour servir à la mer. Cette montre ayant une suspension, c'est à l'artiste à employer le moyen convenable à la position horizontale, en employant un diamant au lieu d'un rubis pour porter le pivot inférieur du balancier.

*Manière de tracer la ligne méridienne du temps moyen.*

Nous avons fait voir (Art de régl., etc., art. I) que le *temps vrai* ou *apparent* est celui qui est réglé par le mouvement du soleil; ainsi le midi vrai est l'instant où le centre du soleil est dans le méridien. Un jour vrai est l'intervalle de deux retours consécutifs du soleil au même méridien : durant cet intervalle il passe au méridien 360 degrés de l'équateur céleste, plus un arc de ce cercle égal au mouvement du soleil en ascension droite. Ainsi ce mouvement étant inégal, le temps vrai ne peut être uniforme. Une horloge bien réglée ne s'accordera avec le temps vrai que quatre fois dans l'année; à tous les autres jours elle avancera ou retardera, selon que la longitude moyenne du soleil sera plus petite ou plus grande que son ascension droite vraie.

Puisque le temps moyen précède et suit alternativement le temps vrai, il s'ensuit que la ligne méridienne du temps moyen doit passer de côté et d'autre de celle du temps vrai et serpenter autour de cette ligne, qui est toujours une ligne droite quand elle est tracée sur un plan droit comme celui que nous entendons (*pl.* V, *fig.* 1 *et* 2).

On voit, par la figure de la méridienne du temps moyen, qui ressemble à un 8 fort alongé, que le point de lumière (qui passe par le trou de la plaque de fer que l'on suppose placée au sommet du style S) doit tomber deux fois dans le même jour sur la courbe; mais il n'y a qu'une des branches de cette courbe qui marque le midi moyen pour un certain temps de l'année, l'autre branche le marque par une autre saison, comme il est facile de le distinguer par les noms des mois écrits autour de cette courbe (*pl.* V, *fig.* 2).

Pour tracer la ligne méridienne horizontale du temps moyen, il faut d'abord déterminer la méridienne du temps vrai, comme nous l'avons expliqué article XII.

Aux deux côtés de cette méridienne, et par le centre du cadran (*), on tirera les lignes horaires de $11^h$ 45', et de $12^h$ 15'. Comme on le voit (*pl.* V, *fig.* 2), il suffit d'avoir une bonne montre à secondes pour tracer ces deux lignes; mais si l'on aime mieux procéder par le calcul des angles horaires, on fera cette analogie :

*Le rayon*
*est au sinus de la hauteur du pôle,*
*comme la tangente de la distance*
*du soleil au méridien*

(*) Le centre d'un cadran solaire horizontal est le point d'intersection R de la ligne RS avec le prolongement de la ligne méridienne PM ; la ligne RS étant élevée à la hauteur du pôle.

pour l'heure proposée

*est à la tangente de l'angle horaire*,

dans le cadran horizontal.

Lorsque l'on aura tracé les deux lignes de $11^h$ 45' et de $12^h$ 15', on cherchera, sur la méridienne du temps vrai, les points auxquels répondent les degrés des signes du zodiaque, de cinq en cinq degrés; en voici d'abord la méthode géométrique.

Sur un plan à part (*pl.* V, *fig.* 1), on tracera une ligne droite PM, qui représentera la méridienne. On élevera la perpendiculaire PS, égale à la hauteur du style que l'étendue de la méridienne comporte (table I, p. 236); du point S, comme centre, et d'un rayon convenable à l'échelle des cordes, ou à celle des parties égales dont on fera usage, on décrira l'arc PX, sur lequel on prendra tous les angles des signes en cette sorte :

On tirera la ligne SB, faisant l'angle PSB égal à l'élévation de l'équateur sur l'horizon du lieu (cet angle est toujours égal au complément de la hauteur du pôle); et l'on aura sur la méridienne PM, le point B, qui sera le premier degré du bélier ♈ et de la balance ♎. On tirera les lignes SC et SM, faisant avec SB les deux angles égaux CSB et BMS, de 23° 28', et l'on aura les premiers degrés de l'écrevisse ♋ et du capricorne ♑, qui sont les deux points des solstices d'été et d'hiver. Ensuite on tirera les lignes SD et SG, faisant avec la ligne SB les deux angles égaux de 20° 11' et l'on aura les premiers degrés du sagittaire ♐, du verseau ♒, du lion ♌ et des gémeaux ♊. Les lignes SE et SF, faisant avec SB les angles égaux ESB et FSB de 11° 29' donneront les premiers degrés du taureau ♉, de la vierge ♍, du scorpion ♏ et des poissons ♓. Ces degrés doivent toujours se compter depuis la ligne SB qui représente l'équateur.

On procédera de la même manière pour avoir les degrés intermédiaires de cinq en cinq, comme ils sont tracés sur la *fig.* 2, *pl.* V. Il n'est pas nécessaire, dans la pratique, de tirer réellement les lignes SC, SG, etc.; il suffit de marquer, sur la ligne méridienne, les intersections de ces lignes.

L'on obtiendra plus d'exactitude en cherchant ces points par le calcul. La déclinaison du soleil, ou sa distance à l'équateur au degré du signe dont on cherche la position sur la méridienne, étant connue (*), si la déclinaison est septentrionale, on l'ajoutera à la hauteur de l'équateur, on la soustraira si elle est méridionale : la somme ou différence sera la hauteur méridienne du soleil. Par exemple, au 31 juillet 1810, à 7° 32' du lion ♌, la déclinaison septentrionale du soleil est de 18° 24' 15" qu'il faut ajouter à la hauteur de l'équateur (que nous supposerons de 59° 24' 15" pour la hauteur méridienne du soleil) ; mais si la déclinaison est méridionale, sa hauteur méridienne sera égale à l'excès ou à la différence entre la hauteur de l'équateur et la déclinaison. Par exemple, au 30 octobre 1810, à 60° 24' 52" du scorpion ♏, la déclinaison méridionale du soleil est de 13° 40", 14 qui, étant soustraits de 41°, que nous avons supposé pour la hauteur de l'équateur, restera 27° 19' 46" pour la hauteur méri-

(*) On la trouve, pour chaque jour de l'année, dans la Connaissance des Temps, ou dans l'Annuaire que nous avons cité page 121.

dienne du soleil par $7^s\ 6^\circ\ 24'\ 52''$ de longitude.

Ces élémens étant bien entendus, on fera cette analogie.

*Le rayon*
*est à la contangente de la hauteur méridienne du soleil,*
*comme la hauteur du style*
*est à la distance du pied du style jusqu'au point du degré du signe sur la ligne méridienne.*

Lorsqu'on aura tracé tous les degrés, de cinq en cinq, on tirera, par chacun de ces points des perpendiculaires à la méridienne, qui se terminent, de chaque côté, aux deux lignes horaires de $11^h\ 45'$ et midi $15'$ (*).

Chaque perpendiculaire, entre midi 15', ou entre midi et $11^h\ 45'$ sera divisée en 900 parties égales pour les 900 secondes qu'il y a dans un quart d'heure, et l'on prendra, sur chacune de ces perpendiculaires, autant de

(*) Il ne devrait y avoir, à la rigueur, que la ligne des équinoxes en ligne droite, toutes les autres sont des courbes qui, vu leur peu d'étendue, ne diffèrent pas sensiblement d'une ligne droite.

parties, soit avant midi, soit après midi, qu'il y a de secondes dans l'équation correspondante à l'arc de signe qu'elle représente, selon qu'elle doit être en avance ou en retard; cela est aisé à faire avec la ligne des parties égales d'un compas de proportion, dont l'usage est bien connu. Ayant ainsi marqué deux points sur chaque perpendiculaire, l'un avant et l'autre après midi, chacune selon l'équation correspondante, on fera passer, par tous ces points, une courbe qui sera la méridienne du temps moyen, autour de laquelle on écrira les noms des mois correspondans aux degrés des signes, dont les équations ont donné les points de la courbe, ainsi qu'on le voit *pl.* V. *fig.* 2. Ensuite on effacera les perpendiculaires et les chiffres qui expriment les secondes, et l'on ne conservera que les lignes horaires de $11^h\ 45'$ et $12^h\ 15'$ avec les deux méridiennes.

Les méridiennes du temps sont rares encore et difficiles à tracer bien exactement, comme on en peut juger par ce qui précède; elles ne sont justes que pour un temps; au bout d'un siècle, elles sont sujettes à des erreurs d'un quart de minute, en plus et en moins vers les deux sommets et vers la triple intersection des branches de la courbe. Il n'en est pas moins à désirer pour l'utilité publique, que ces méridiennes se multiplient, parce qu'elles offrent aux citoyens un moyen direct de régler sûrement les pendules et les montres, sans tenir compte de l'équation du temps, et sans aucune combinaison d'idées; et c'est pour leur faciliter cette opération, par la méridienne du temps vrai, que nous avons placé, à la suite de ces additions, une nouvelle table d'équation, sous la forme adoptée par le Bureau des Longitudes.

| JOURS du MOIS. | JANVIER. T. moyen au midi vrai. H. M. S. | FÉVRIER. T. moyen au midi vrai. H. M. S. | MARS. T. moyen au midi vrai. H. M. S. |
|---|---|---|---|
| 1 | 0 3 48 | 0 13 56 | 0 12 43 |
| 2 | 0 4 16 | 0 14 4 | 0 12 31 |
| 3 | 0 4 44 | 0 14 11 | 0 12 19 |
| 4 | 0 5 12 | 0 14 17 | 0 12 6 |
| 5 | 0 5 39 | 0 14 23 | 0 11 52 |
| 6 | 0 6 6 | 0 14 27 | 0 11 38 |
| 7 | 0 6 33 | 0 14 31 | 0 11 24 |
| 8 | 0 6 59 | 0 14 34 | 0 11 10 |
| 9 | 0 7 24 | 0 14 36 | 0 10 54 |
| 10 | 0 7 49 | 0 14 37 | 0 10 39 |
| 11 | 0 8 13 | 0 14 37 | 0 10 23 |
| 12 | 0 8 37 | 0 14 37 | 0 10 7 |
| 13 | 0 9 0 | 0 14 36 | 0 9 50 |
| 14 | 0 9 22 | 0 14 34 | 0 9 34 |
| 15 | 0 9 43 | 0 14 31 | 0 9 17 |
| 16 | 0 10 4 | 0 14 28 | 0 8 59 |
| 17 | 0 10 25 | 0 14 24 | 0 8 41 |
| 18 | 0 10 44 | 0 14 19 | 0 8 22 |
| 19 | 0 11 3 | 0 14 13 | 0 8 6 |
| 20 | 0 11 21 | 0 14 7 | 0 7 47 |
| 21 | 0 11 38 | 0 14 0 | 0 7 29 |
| 22 | 0 11 55 | 0 13 53 | 0 7 11 |
| 23 | 0 12 10 | 0 13 45 | 0 6 52 |
| 24 | 0 12 25 | 0 13 36 | 0 6 34 |
| 25 | 0 12 39 | 0 13 26 | 0 6 15 |
| 26 | 0 12 53 | 0 13 16 | 0 5 56 |
| 27 | 0 13 6 | 0 13 6 | 0 5 38 |
| 28 | 0 13 17 | 0 12 55 | 0 5 19 |
| 29 | 0 13 28 | | 0 5 1 |
| 30 | 0 13 39 | | 0 4 42 |
| 31 | 0 13 48 | | 0 4 24 |

| JOURS du MOIS. | AVRIL. T. moyen au midi vrai. H. M. S. | MAI. T. moyen au midi vrai. H. M. S. | JUIN. T. moyen au midi vrai. H. M. S. |
|---|---|---|---|
| 1 | 0 4 5 | 11 56 57 | 11 57 18 |
| 2 | 0 3 47 | 11 56 50 | 11 57 27 |
| 3 | 0 3 29 | 11 56 43 | 11 57 37 |
| 4 | 0 3 11 | 11 56 36 | 11 57 47 |
| 5 | 0 2 53 | 11 56 30 | 11 57 57 |
| 6 | 0 2 36 | 11 56 25 | 11 58 7 |
| 7 | 0 2 18 | 11 56 20 | 11 58 18 |
| 8 | 0 2 1 | 11 56 16 | 11 58 29 |
| 9 | 0 1 44 | 11 56 12 | 11 58 40 |
| 10 | 0 1 27 | 11 56 9 | 11 58 51 |
| 11 | 0 1 11 | 11 56 6 | 11 59 3 |
| 12 | 0 0 54 | 11 56 4 | 11 59 15 |
| 13 | 0 0 38 | 11 56 3 | 11 59 27 |
| 14 | 0 0 22 | 11 56 2 | 11 59 40 |
| 15 | 0 0 6 | 11 56 2 | 11 59 52 |
| 16 | 11 59 51 | 11 56 2 | 0 0 5 |
| 17 | 11 59 37 | 11 56 2 | 0 0 17 |
| 18 | 11 59 23 | 11 56 4 | 0 0 30 |
| 19 | 11 59 9 | 11 56 6 | 0 0 43 |
| 20 | 11 58 55 | 11 56 8 | 0 0 56 |
| 21 | 11 58 42 | 11 56 11 | 0 1 8 |
| 22 | 11 58 29 | 11 56 14 | 0 1 21 |
| 23 | 11 58 17 | 11 56 18 | 0 1 43 |
| 24 | 11 58 5 | 11 56 23 | 0 1 47 |
| 25 | 11 57 54 | 11 56 28 | 0 2 0 |
| 26 | 11 57 43 | 11 56 34 | 0 2 13 |
| 27 | 11 57 33 | 11 56 40 | 0 2 25 |
| 28 | 11 57 23 | 11 56 47 | 0 2 38 |
| 29 | 11 57 14 | 11 56 54 | 0 2 50 |
| 30 | 11 57 6 | 11 57 2 | 0 3 3 |
| 31 | | 11 57 10 | |

| JOURS du MOIS | JUILLET. T. moyen au midi vrai. H. M. S. | AOUT. T. moyen au midi vrai. H. M. S. | SEPTEMB. T. moyen au midi vrai. H. M. S. |
|---|---|---|---|
| 1 | 0 3 15 | 0 5 58 | 11 59 57 |
| 2 | 0 3 26 | 0 5 54 | 11 59 39 |
| 3 | 0 3 38 | 0 5 50 | 11 59 20 |
| 4 | 0 3 49 | 0 5 46 | 11 59 1 |
| 5 | 0 4 0 | 0 5 41 | 11 58 41 |
| 6 | 0 4 10 | 0 5 35 | 11 58 21 |
| 7 | 0 4 20 | 0 5 29 | 11 58 1 |
| 8 | 0 4 30 | 0 5 21 | 11 57 41 |
| 9 | 0 4 39 | 0 5 14 | 11 57 21 |
| 10 | 0 4 48 | 0 5 6 | 11 57 1 |
| 11 | 0 4 57 | 0 4 57 | 11 56 40 |
| 12 | 0 5 5 | 0 4 47 | 11 56 19 |
| 13 | 0 5 13 | 0 4 37 | 11 55 58 |
| 14 | 0 5 20 | 0 4 27 | 11 55 37 |
| 15 | 0 5 26 | 0 4 16 | 11 55 16 |
| 16 | 0 5 32 | 0 4 4 | 11 54 55 |
| 17 | 0 5 38 | 0 3 52 | 11 54 34 |
| 18 | 0 5 43 | 0 3 39 | 11 54 13 |
| 19 | 0 5 48 | 0 3 26 | 11 53 52 |
| 20 | 0 5 52 | 0 3 13 | 11 53 31 |
| 21 | 0 5 55 | 0 2 59 | 11 53 10 |
| 22 | 0 5 58 | 0 2 44 | 11 52 49 |
| 23 | 0 6 1 | 0 2 29 | 11 52 28 |
| 24 | 0 6 3 | 0 2 14 | 11 52 7 |
| 25 | 0 6 4 | 0 1 58 | 11 51 47 |
| 26 | 0 6 5 | 0 1 42 | 11 51 27 |
| 27 | 0 6 5 | 0 1 26 | 11 51 7 |
| 28 | 0 6 5 | 0 1 7 | 11 50 47 |
| 29 | 0 6 4 | 0 0 51 | 11 50 27 |
| 30 | 0 6 2 | 0 0 34 | 11 50 8 |
| 31 | 0 6 0 | 0 0 16 | |

| JOURS du MOIS. | OCTOBRE. T. moyen au midi vrai. | NOVEMBRE T. moyen au midi vrai. | DÉCEMBRE T. moyen au midi vrai. |
|---|---|---|---|
| | H. M. S. | H. M. S. | H. M. S. |
| 1 | 11 49 49 | 11 43 46 | 11 49 11 |
| 2 | 11 49 30 | 11 43 45 | 11 49 34 |
| 3 | 11 49 11 | 11 43 45 | 11 49 57 |
| 4 | 11 48 53 | 11 43 45 | 11 50 21 |
| 5 | 11 48 35 | 11 43 47 | 11 50 45 |
| 6 | 11 48 17 | 11 43 49 | 11 51 11 |
| 7 | 11 48 0 | 11 43 52 | 11 51 36 |
| 8 | 11 47 43 | 11 43 55 | 11 52 2 |
| 9 | 11 47 26 | 11 44 0 | 11 52 29 |
| 10 | 11 47 10 | 11 44 5 | 11 52 56 |
| 11 | 11 46 55 | 11 44 11 | 11 53 23 |
| 12 | 11 46 39 | 11 44 18 | 11 53 51 |
| 13 | 11 46 25 | 11 44 26 | 11 54 19 |
| 14 | 11 46 11 | 11 44 35 | 11 54 48 |
| 15 | 11 45 57 | 11 44 45 | 11 55 17 |
| 16 | 11 45 44 | 11 44 55 | 11 55 46 |
| 17 | 11 45 32 | 11 45 7 | 11 56 15 |
| 18 | 11 45 20 | 11 45 19 | 11 56 44 |
| 19 | 11 45 9 | 11 45 32 | 11 57 14 |
| 20 | 11 44 58 | 11 45 46 | 11 57 44 |
| 21 | 11 44 48 | 11 46 0 | 11 58 14 |
| 22 | 11 44 39 | 11 46 16 | 11 58 44 |
| 23 | 11 44 30 | 11 46 32 | 11 59 14 |
| 24 | 11 44 22 | 11 46 50 | 11 59 44 |
| 25 | 11 44 15 | 11 47 7 | 0 0 14 |
| 26 | 11 44 10 | 11 47 26 | 0 0 44 |
| 27 | 11 44 3 | 11 47 46 | 0 1 4 |
| 28 | 11 43 58 | 11 48 6 | 0 1 44 |
| 29 | 11 43 54 | 11 48 27 | 0 2 14 |
| 30 | 11 43 51 | 11 48 48 | 0 2 43 |
| 31 | 11 43 48 | | 0 3 12 |

# SUPPLÉMENT.

## SUR LA MANIÈRE DE RÉGLER LES MONTRES ET LES PENDULES.

On a vu qu'il était indispensable pour régler les montres, de les comparer elles-mêmes à des horloges ou pendules qui soient parfaitement réglées; que quand on les comparait au mouvement du soleil, il fallait avoir égard à l'équation du tems, c'est-à-dire, à la différence du tems vrai au tems moyen.

Cette équation du tems est due au mouvement annuel de la terre autour du soleil; ce mouvement se combine avec le mouvement diurne de notre planète, de telle sorte, qu'à mesure que cette dernière avance dans l'écliptique, le mouvement diurne se compose d'une révolution complète autour de l'axe, plus ou moins une certaine quantité due à l'avance quotidienne dans l'écliptique.

Et comme les orbes que décrivent la plupart des corps célestes ne sont point des cercles, mais des ellipses; que le soleil, par rapport à la terre, occupe un des foyers de l'ellipse, il s'ensuit, que non seulement les avances et les retards sont inégaux entr'eux, mais encore que les points où l'équation est nulle, ne partagent pas l'année en des intervalles égaux.

Quand on possède une bonne montre, il ne convient point de la corriger après une première comparaison. Ce n'est qu'après avoir observé sa marche pendant plusieurs jours, qu'on peut être assuré de son écart absolu, et dès lors on peut la corriger. La manière de reconnaître les écarts des montres est facile. . .

Ainsi, par exemple, la montre comparée à l'heure d'une bonne pendule marque midi et cinq minutes quand la pendule marque midi. Le lendemain la montre, au midi de la pendule marque midi et trois minutes, il en résulte évidemment que la montre a retardé de deux minutes dans les vingt-quatre heures. On aurait donc eu tort de régler d'abord la montre à la première comparaison quand il est évident qu'elle aurait fini par se retrouver à l'heure de la pendule après le troisième jour.

La montre retarde aujourd'hui sur la pendule de comparaison de 8 minutes, demain de 6, la marche de la montre a donc été une avance de deux minutes dans les 24 heures, et au bout de 4 jours elle se trouvera à l'heure de la pendule.

La montre marque aujourd'hui midi et 5 minutes au midi de la pendule, demain midi moins 5 minutes : la variation de la montre pendant les 24 heures a donc été un retard de 10 minutes.

Comme on ne règle pas toujours les montres quand leur variation est infiniment petite, et qu'on se sert de ces montres pour régler les pendules d'appartement qui ne sont point portatives, il est extrêmement facile, connaissant la variation de la montre, d'en déduire celle de la pendule qu'on veut régler.

Je sais que ma montre avance de deux minutes par 24 heures. Deux jours après l'avoir comparée et réglée au régulateur à l'instant de midi, je veux la comparer à une pendule de cheminée, je trouve que la pendule marque midi et 8 minutes quand ma montre marque midi. Le lendemain les deux midi s'accordent. Il est facile de reconnaître la quantité dont la pendule a varié dans les 24 heures.

En effet, nous avons

| | |
|---|---|
| Heure de la montre. . . . . | $12^h$ |
| Heure du lieu 2 jours après avoir réglé. . . . . . . . | $11^h56'$ |
| Heure de la pendule. . . . . | $12^h\ 8'$ |
| Avance de la pendule sur l'heure du lieu. . . . . | $12'$ |
| Heure du lendemain de la montre. . . . . . . . . . . . | $12^h\ 0'$ |
| Heure du lieu. . . . . . . . . . | $11^h54'$ |
| Heure de la pendule. . . . . | $12^h$ |
| Avance de la pendule sur l'heure du lieu. . . . . . . . . . . . | $0^h\ 6'$ |

La pendule, dans les 24 heures, a donc retardé de 6 minutes. Il faudra donc tourner la vis qui est au-dessous de la lentille, de manière à la faire remonter d'une quantité proportionnelle au retard de 6 minutes par jour.

Nous supposerons maintenant que la pendule et la montre n'aient pas été comparées depuis long-tems et qu'on désire connaitre la variation diurne de la pendule pendant l'intervalle.

La montre avance de 2 minutes par jour. Supposons que quand elle a été comparée au régulateur, elle marquait 12h 20' à midi du même régulateur. 10 jours après la dernière comparaison des paragraphes précédens, on trouve que le midi de la pendule de cheminée correspond à midi $\frac{1}{4}$ de la montre.

PREMIÈRE COMPARAISON.

| | |
|---|---|
| Heure du régulateur ou du lieu. | 12h |
| Heure de la montre. . . . . . . | 12h 20' |
| Avance de la montre sur l'heure du lieu. . . . . . . . . . . . | 20' |

DEUXIÈME COMPARAISON.

| | |
|---|---|
| Heure de la montre. . . . . . . | 12h 15' |
| Première avance de la montre sur l'heure du lieu. . . . . . | 20' |
| Différence. . . . . . . . . . . . . | 11h 55' |

| | |
|---|---|
| Anticipation de la montre pendant 10 jours. . . . . . . . . | 20" |
| Heure du lieu lors de la deuxième comparaison. . . . . . . . . | 11h 35' |
| Heure de la pendule. . . . . . . . | 12h |
| Différence en avance. . . . . . | 0h 25' |

Mais la pendule était en avance de 6 minutes sur l'heure du lieu lorsque la lentille a été remontée, donc elle a avancé de la différence de 25 à 6, ou de 19 secondes en 10 jours, c'est-à-dire, 1',9 secondes par jour. La marche a donc changé par suite du mouvement de la vis, mais la correction a été trop grande puisque l'effet relatif a été de 6 à 1,9, il convient donc de dévisser l'écrou qui supporte la lentille, de manière à la faire descendre d'une quantité relative à 1', 9 secondes.

Il peut se faire aussi que le régulateur ait une marche propre, c'est-à-dire une avance ou un retard diurne, c'est même ce qui arrive presque toujours, mais dès qu'elle est connue, il est facile d'établir une base fixe de comparaison qui puisse servir à régler ensuite les montres ou les pendules de cheminées. Un exemple suffira pour montrer comment on peut se servir de ces indications pour régler une montre ou une pendule quelconque. Nous supposons toujours que le tems auquel on compare les montres ou les pendules, est le tems moyen, et que la position des lieux soit la même par rapport au méridien; car s'il en était autrement, il faudrait avoir égard à l'équation du tems qui, comme on l'a vu, peut être additive, ou soustractive, ainsi qu'à la différence des longitudes réduites en tems, qui peut être également additive ou soustractive, selon que l'on a passé d'un côté ou de l'autre du méridien du lieu où se trouve le régulateur. Nous allons faire entrer dans le calcul suivant un de ces élémens.

A midi et 20' d'un régulateur qui avance sur l'heure, tems moyen du lieu, de 15', on a comparé une montre qui marquait midi, et dont la marche diurne est un retard de 3 minutes, afin de régler une pendule de cheminée, située dans un lieu placé à 30 lieues (de poste) dans l'est du régulateur. La pendule de cheminée marquait midi et dix minutes quand elle a été comparée 24 heures après à la montre qui marquait alors midi ; on demande l'avance ou le retard de la pendule par rapport au tems moyen du lieu. (*)

| | | |
|---|---|---|
| Heure du régulateur. . . . . . . . | $12^h$ | 20' |
| Avance sur l'heure du lieu. . . . | | 15' |
| Heure du lieu (tems moyen). . . | $12^h$ | 5' |
| Heure de la montre. . . . . . . . . | $12^h$ | |
| Retard de la montre sur l'heure du lieu. . . . . . . . . . . . . . . . | | 5' |

COMPARAISON DE LA MONTRE A LA PENDULE DE CHEMINÉE.

| | | |
|---|---|---|
| Heure de la montre. . . . . . . . . | $12^h$ | |
| Retard de la montre sur le tems moyen. . . . . . . . . . . . . | | 5' |
| | $12^h$ | 5' |
| Marche de la montre pendant $24^h$ (retard). . . . . . . . . . . . | | 3' |
| Tems moyen. . . . . . . . . . . . . | $12^h$ | 8' |

(*) Comme la plupart des horloges publiques fournissent aujourd'hui le tems moyen, nous ne ferons pas entrer dans ce calcul l'équation du tems.

Différence des méridiens en tems 4'
Heure, tems moyen, du lieu de la pendule. . . . . . . . . . . . . . $12^h$ 12'
Heure de la pendule. . . . . . . $12^h$ 10'

Retard de la pendule sur le tems moyen du lieu. . . . . . . . . 2'

Sept jours après cette comparaison, on a encore eu l'occasion de comparer la même montre à la même pendule; on était certain de la marche de la montre, et on voulait connaître celle de la pendule; on a trouvé à midi de la montre que la pendule marquait $11^h$ et 50'. On demande quelle a été la variation pendant 7 jours, et par suite la variation diurne.

Heure de la montre. . . . . . . . . $12^h$
Retard précédent sur le tems moyen du lieu. . . . . . . . . . . . . $0^h$ 5'
Somme. . . . . . . . . . . . . . . . $12^h$ 5'
Retard diurne de la montre multiplié par 8. . . . . . . . . . . . . $0^h$ 24'
Somme. . . . . . . . . . . . . . . . $12^h$ 29'
Différence des méridiens. . . . . $0^h$ 4'
Heure, tems moyen, du lieu. . . $12^h$ 33'

Heure de la pendule. . . . . . . . 11h 50'

Retard de la pendule sur le tems moyen. . . . . . . . . . . . . . 0h 43'

Retard précédent. . . . . . . . . . 0h 2'

Retard pendant 7 jours . . . . . . 0h 41'

Par jour. . . . . . . . . . . . . . 0h 5' 51"5

La quantité due à la différence des méridiens est facile à expliquer. Le mouvement de la terre s'exécutant d'occident en orient, le soleil paraît suivre une marche contraire ; ainsi, quand cet astre passe au méridien d'un lieu situé à l'est d'un autre, il est déjà midi pour le premier quand le second ne compte pas encore cette heure. C'est pour cette raison qu'il faut toujours ajouter la différence des méridiens réduite en tems, quand on veut avoir l'heure d'un lieu correspondant à celle d'un autre lieu situé à l'ouest, et la retrancher dans le cas contraire.

Quand les différences ou variations des montres, et même des horloges consacrés à l'usage civil, sont infiniment petites, il est inutile d'y avoir égard; le plus souvent elles se compensent au bout de quelques jours. Ce n'est qu'après un intervalle assez long qu'on peut s'apercevoir des écarts absolus, et qu'il convient de les corriger.

D'après ce que nous avons dit plus haut, on voit qu'il est indispensable pour avoir l'heure d'un lieu, connaissant celui d'un autre, d'avoir égard à la position relative des lieux sur la ligne est et ouest du monde, en d'autres termes, de tenir compte de la différence en longitude réduite en tems. Le soleil parcourt 360 degrés en 24 heures, ainsi donc chaque fraction de tems correspond à un certain nombre et fraction de degré, de même que chaque degré et fraction de degré correspond à un certain nombre fractionnaire de tems. Ainsi, par exemple, 1 heure et 25 minutes de tems correspondront, (voyez la table ci-après) à 21 degrés et 15 minutes.

Ayant réglé une montre à Paris, si elle a bien marché, elle doit être en retard de 9 minutes et 57 secondes quand on sera arrivé à Lyon; car nous voyons par la table des positions des lieux, placée à la fin de ce volume, que la longitude de Lyon est de 2° 29' et 10" est : c'est-à-dire que Lyon est plus à l'est de Paris, de cette même quantité, qui correspond à 0h 9' et 57". Quand il est midi ou toute autre heure à Lyon, il s'en faut de cette quantité que Paris ait la même heure.

La longitude des lieux se compte, à partir d'un méridien déterminé qu'on appelle premier méridien, 180° d'un côté, 180 de l'autre. Le premier méridien des Français passe par l'Observatoire royal de Paris.

Il est également facile, sans qu'on parte de Paris, de reconnaître quelle est la quantité additionnelle ou soustractive dont on doit tenir compte quand on change de lieu, pourvu qu'on connaisse la longitude des deux endroits : une simple addition ou soustraction est la seule opération nécessaire : ensuite, au moyen de la table placée ci-après, on verra quelle quantité de tems correspond à la différence en longitude des lieux.

Ainsi, par exemple, nous partons de Lyon pour aller à Bordeaux; notre montre a été réglée à l'heure de Lyon; il est évident que, l'ayant transportée dans la seconde ville, elle y marquera encore l'heure de Lyon. Mais Lyon est à l'est du premier méridien de 2° 29' 10", tandis que Bordeaux en est situé à l'ouest de 2° 54' 56" : les deux lieux sont donc écartés entre eux de la somme de ces deux quantités ou de 5° 14' 6" qui correspondent à un intervalle de tems de 0h 20' 56" ; c'est-à-dire qu'à Lyon on compte 20' 56" de plus qu'à Bordeaux. Si la montre a bien marché, elle doit être en avance sur l'heure de cette dernière ville de la même quantité 20' 56".

On voit donc, d'après ce que nous avons dit plus haut, que la connaissance de la position des lieux sur la terre, c'est-à-dire leur latitude et leur longitude, est indispensable pour déterminer l'heure. La latitude est souvent nécessaire pour l'établissement des cadrans solaires et pour déterminer les longueurs des pendules ; les longitudes, pour avoir, comme nous l'avons vu, l'heure respective des lieux, d'après leur écart sur la ligne est et ouest du monde.

Afin de pouvoir réduire immédiatement la différence en longitude en tems, nous avons placé à la fin de cet ouvrage des tables qui pourront être souvent utiles dans des cas semblables à ceux que nous avons cités, où il s'agit de transporter l'heure d'un lieu à un autre. Il suffira seulement d'estimer la quantité de route faite dans la direction est et ouest, de la réduire en tems, et de la retrancher ou ajouter, selon le cas, de l'heure marquée par la montre dans le lieu où on arrive.

### DES BALANCIERS COMPENSATEURS.

Avant l'application du pendule comme régulateur des horloges, les balanciers avaient été employés pour cet objet, mais il furent promptement abandonnés après l'invention du pendule; cependant comme tout mouvement extérieur est contraire à l'isochronisme du pendule, le balancier fut encore le seul régulateur qui put être appliqué avec succès aux horloges portatives. L'addition du ressort spiral à ces régulateurs a produit une révolution dans l'art de la mesure du tems, et a permis d'approcher de l'exactitude que fournit le pendule. La première invention, relative à l'application des ressorts aux balanciers, en vue d'obtenir par leur élasticité, la puissance qui rend l'action de cette espèce de régulateur semblable à celle qu'on obtient au moyen de la gravité des pendules, est attribuée par les Anglais au docteur Hooke; mais il paraît qu'il n'en fit qu'une application très limitée; Huygens, disent-ils, étendant cette idée, substitua au ressort simple le spiral qui est bien plus avantageux à l'isochronisme du balancier.

Les altérations auxquelles la longueur du pendule est exposé, ainsi que les mouvemens de montres, par les variations de température, ont déjà été signalés; mais les machines à balanciers sont encore plus exposées à l'irrégularité, d'abord parce que, non-seulement le balancier se dilate ou se contracte selon l'élévation ou l'abaissement de la température, mais encore parce que le ressort spiral lui-même supporte les mêmes changemens. A mesuse que le balancier se contracte, et que son diamètre devient plus petit, il n'est plus transporté dans ses vibrations de la même manière, il vibre alors avec plus de rapidité; de plus à mesure que le ressort attaché au balancier, se contracte en même tems par le froid, il agit avec une plus grande puissance, et ces deux effets se réunissent pour hâter les vibrations. On a imaginé deux moyens pour corriger ces irrégularités : le premier qui, dit-on, est dû à Harisson, consiste à raccourcir ou alonger le ressort spiral quand la chaleur ou le froid peuvent lui donner plus ou moins de force. Le second consiste à produire une dilatation dans le balancier même, au lieu d'une contraction qui serait l'effet du froid; par ce moyen le ressort, dans son état plus grand de rigidité, acquiert un effet compensateur dans ses fonctions. Cette méthode ingénieuse est de l'invention de *Pierre Leroy*, et a été modifiée par *Arnold*. Harisson appliqua le même procédé sur le ressort spiral, de manière à l'alonger ou le raccourcir selon les variations de température.

La fig. 1, planche 5 (Manuel de l'Horloger) représente une application de son système. Cette méthode de compensation, quoique très ingénieuse, n'est pas employée dans les chronomètres, à cause de la difficulté d'obtenir de bons ajustemens et un déplacement parfaitement concentrique aux spires du ressort. L'invention de P. Leroy pourvoit beaucoup mieux à toutes les causes d'irrégularité; elle est représentée dans la fig. 3, pl. 5, où on a dessiné un balancier de chronomètre. On tourne et évide en cuvette une pièce circulaire d'acier, de manière à former une rainure circulaire et suffisamment profonde; dans cette rainure on place du laiton de première qualité avec un peu de borax pour prévenir l'oxidation du métal; on pose le tout dans un creuset qu'on chauffe suffisamment pour opérer la fusion du laiton; ce dernier métal étant en fusion, adhère alors fortement à l'acier sans qu'il soit nécessaire d'employer de la soudure. La pièce ainsi préparée et refroidie est replacée sur le tour; on enlève tout l'acier et le laiton superflu, de manière à obtenir un cercle régulier dont l'extérieur sera en laiton et l'intérieur en acier, l'épaisseur du laiton doit être à peu près double de celle de l'acier. Cela fait, on évide le plateau intérieur au moyen de la lime et du foret, et on laisse deux ou trois rayons égaux et symétriquement placés; dans cet état on coupe le cercle extérieur en deux ou trois endroits, et même on en retranche une portion ainsi que l'indique la figure 3, et on adapte à l'extrémité de chaque secteur une petite masse mobile; les masses doivent être bien égales en poids et susceptibles de glisser et de s'arrêter ensuite sur les secteurs à telle distance des rayons, que les essais faits à diverses températures démontreront la plus convenable à la compensation.

Il est facile de se rendre raison de la manière dont ce balancier se comporte dans les changemens de température. Ainsi, par exemple, quand la chaleur qui tend généralement à faire retarder la montre par son action sur le mouvement, sur le spiral et sur les rayons du balancier, agira sur ce dernier, les secteurs se comporteront de manière à se contracter, et par conséquent à rapprocher les masses du centre, à faire avancer la montre : il y aura donc compensation si on est parvenu, par le déplacement des masses, à trouver la distance où cette compensation a lieu.

Car nous avons dit plus haut que les secteurs se composent d'acier et de laiton; tous deux se dilatent il est vrai, par l'effet de la chaleur, mais d'une manière inégale, le laiton plus que l'acier. L'acier intérieur des secteurs étant lié invariablement au laiton extérieur, contrariera sa dilatation plus grande, et l'effet de courbure qui en résultera sera de rapprocher les masses du centre d'oscillation. Le contraire aura lieu par l'effet du froid.

La fig. 4, pl. 5, montre une modification du même principe adoptée par Arnold. Les poids compensateurs sont cylindriques et sont ajustés à vis aux bouts des secteurs. Ces secteurs sont établis sur l'extrémité des deux rayons qui portent un cercle intérieur; ce cercle est muni de trois masses à frottement qui servent à équilibrer le balancier.

La nécessité de ces diverses masses, sera comprise, quand on considèrera que les pivots du balancier supportent un frottement inégal dans les différentes positions du chronomètre, et qu'il est nécessaire que, la compensation obtenue, le balancier soit encore en équilibre dans toutes les positions.

Toutes ces dispositions exigent des tâtonnemens que l'habitude seule peut abréger. Les frottemens doivent être les mêmes, soit que le balancier s'appuie sur un de ses pivots ou sur les deux faces cylindriques des deux. Le balancier lui-même conserve une forme à peu-près permanente, tandis que le ressort spiral, dans les vibrations, est plus ou moins tendu, et ses distances au centre sont variables. On ne peut s'attendre à ce qu'un balancier privé de son ressort spiral, et qui dans ce cas est bien équilibré, le soit encore et fournisse à la fois des vibrations égales, quand il est en place et dans toutes les positions. En outre de ces difficultés, il y a une époque de la vibration où la force du ressort et l'inertie du balancier ne sont pas simplement en opposition l'une à l'égard de l'autre, mais sont combinés avec la puissance motrice pendant l'action de l'échappement. Le remède à toutes ces difficultés, qu'on a appliqué avec succès dans la fabrication des chronomètres marins, est de les maintenir dans une position telle que l'axe du balancier soit constamment vertical (*); par ce moyen cette pièce n'est point affec-

(*) La montre sera, par conséquent, dans un plan horizontal. Pour la maintenir dans cette position malgré les mouvemens du vaisseau, on la suspend sur la suspension de *Cardan*. Elle consiste à supporter la boëte sur deux pivots placés au-dessus de son centre de gravité, lesquels pivots sont eux-mêmes suspendus sur un cercle de laiton, qui est libre d'osciller sur le plan horizontal. Les pivots de la boëte et ceux du cercle sont ainsi perpendiculaires dans leur direction.

tée des différences de gravité. Quant aux chronomètres de poche, l'adresse des artistes s'exerce sur une quantité de moyens ingénieux dont il n'est pas possible de donner toutes les descriptions dans des limites aussi resserrées que les nôtres. Le principe général le plus en usage, est de considérer le balancier libre de son ajustement comme un pendule qui serait placé en dessus et en dessous de son centre de suspension, agissant par la gravité en même tems qu'il est sollicité au repos par l'élasticité. En de pareilles circonstances, les vibrations seront plus rapides quand le point d'équilibre stable est en bas; elles seront plus lentes dans une position contraire de la machine. Ceci indique pour remède, de diminuer soit l'étendue du rayon ou de diminuer la charge de ce côté, qui est le plus bas quand la vitesse est trop grande. Ainsi, par exemple, si une des vis placées aux extrémités des rayons du premier des balanciers décrits plus haut, se trouve en bas quand la vitesse est trop grande, il faudra la tourner d'une petite quantité, de manière à rapprocher son poids de l'axe, en même tems que la vis opposée sera dévissée et sa charge portée en dehors d'une petite quantité. On remédiera ainsi aux défauts d'équilibre sans autre dérangement. Si une imperfection est reconnue dans les vibrations du balancier quand il est éprouvé dans une position verticale, ayant son point le plus bas au repos, dans une ligne faisant un angle droit avec celle qui passe par le milieu des rayons, une altération semblable doit être opérée sur les masses d'expansion, soit par une légère déflexion des secteurs circulaires, soit en altérant la masse; ou bien encore par le moyen des petites vis fixées dans les masses régulatrices elles-mêmes, qu'on rejette ou qu'on rapproche du centre du balancier, de même qu'on l'a fait à celles qui sont situées à l'extrémité des rayons. Par ces moyens, et par d'autres correspondans, le balancier peut être arrangé de manière à fournir des vibrations égales dans toutes les positions où son plan ne sera point parallèle à l'horizon; mais ces travaux de tatonnement exigent beaucoup de peines et de soins avant de produire des résultats bien exacts.

Il arrive souvent que les chronomètres

éprouvés à des températures extrêmes, réglés dans ces limites, ne le sont plus dans les températures intermédiaires : alors leurs balanciers ne convenant point aux mouvemens, on les remplace par d'autres, et il arrive encore que tels balanciers qui ne convenaient pas à tels mouvemens se comportent parfaitement avec d'autres.

Quelquefois aussi il arrive que les balanciers compensent trop; mais il est facile d'y pourvoir en rapprochant les masses compensatrices des secteurs des rayons, et en ayant soin que ces rapprochemens n'altèrent point l'équilibre de cette pièce. Comme il y a deux espèces de masses mobiles, il est facile d'obtenir ces conditions, qui sont essentielles à la régularité des fonctions du balancier.

Une observation extrêmement curieuse fut faite à la Nouvelle Hollande par le général Brisbanne, gouverneur de cet établissement; il s'aperçut que des chronomètres parfaitement réglés, quand ils étaient orientés dans une certaine position par rapport à l'horizon, supportaient quelques variations quand on les dérangeait de cette position : voici l'explication qu'on a donné à ce phénomène.

Avant d'arriver à leur forme définitive, les balanciers des montres marines, composés comme nous l'avons dit, d'acier et de cuivre, supportent un frottement répété de la part du burin et de la lime. Cette opération procure au balancier une aimantation factice, qu'il est facile de reconnaître en soumettant à leur contact de la limaille de fer très divisée. Ces particules s'attachent aux rayons et au limbe, et il paraît dès-lors que le balancier est magnétisé, et il est probable qu'il est polarisé.

Si, dans cet état, un balancier était dégagé de son spirale, en admettant qu'il fût assez libre sur ses pivots et dans une position horizontale, il s'orienterait par rapport à la ligne magétique du lieu, d'une manière à peu près semblable aux aiguilles des boussoles ; mais il y aurait par conséquent d'autres positions où les pôles de mêmes espèces, orientés semblablement, se repousseraient, tandis que, dans le cas contraire, ils s'attireraient. Ainsi donc la position de la montre peut être telle par rapport au méridien magnétique à du globe, que le balancier éprouve des difficultés ou de la facilité pour être ramené à sa position, et ces causes peuvent se combiner ensemble, se soustraire, s'ajouter ou même s'équilibrer (*).

(*) Les navires mêmes contiennent une si grande quantité de barres de fer martelé, de canons, de projectiles en fer, qu'on peut les considérer comme une masse magnétique qui possède aussi deux pôles et un méridien magnétique particulier. Ainsi donc, voici trois circonstances particulières qui peuvent se combiner pour agir par somme ou différence sur la marche du balancier des montres marines.

Les bâtimens marins à vapeur doivent être plus que tous les autres exposés à de pareilles déviations, en raison des masses de fer ouvrées et sans cesse en mouvement qu'ils contiennent. Mais on doit faire attention que ce n'est pas en transportant une montre dans un lieu quelconque du globe, et la rapportant au point de départ, que ces différences pourront être aperçues en les observant de nouveau dans ce même point de départ. Les navires à vapeur, peu soumis aux écarts de route qui peuvent résulter des vents contraires, suivent une ligne directe dans leur route, dans leur allée et dans leur retour; il est donc probable que les erreurs se compenseront en grande partie par les deux positions inverses du navire relativement au méridien magnétique du globe.

A terre il est facile d'affecter à ces instrumens une position fixe dans une localité. Mais à bord d'un vaisseau, qui change si souvent de position par rapport à l'horizon, il en est tout autrement. Chaque navire, eu égard à la quantité de fers qu'il contient, aux canons, aux machines à vapeur, est un corps qui lui-même est polarisé; son méridien magnétique se combine avec celui du globe d'une manière qui diffère dans chaque navire, selon les lieux, et il ne serait point extraordinaire de trouver des variations différentes pour chacun d'eux. Ces causes d'anomalies influent, il est probable, très peu sur les montres; mais comme elles peuvent s'ajouter à d'autres, il ne serait peut-être pas inutile de chercher les moyens d'y pourvoir. D'autres métaux que l'acier pourraient être employés à la confection des balanciers des montres marines, le platine par exemple, dont la dilatation par rapport au cuivre, est encore moindre que celle de l'acier.

L'épaississement des huiles qu'on emploie pour lubréfier les pivots des rouages, n'est pas une des moindres causes de leurs variations, surtout quand ces machines supportent de grandes différences de températures. Ces différences affectent d'autant plus la liberté des mouvemens, que l'époque du renouvellement des huiles est plus éloignée, que le produit de l'usure a accumulé davantage des particules dans les trous où roulent les pivots; il en est de même de la poussière, qu'il est bien difficile d'empêcher de pénétrer dans l'intérieur des cages, quelque hermétique que soit leur fermeture.

Des artistes distingués fournissent cependant à la marine des pièces d'horlogerie d'une régularité remarquable : on cite M. Motel, et les marins sont bien souvent à même d'apprécier les talens de cet artiste habile.

## DES SPIRAUX.

Il est assez difficile de se rendre raison de l'opinion d'un de nos plus célèbres horlogers, qui prétendait que les spiraux contenaient dans leur étendue une certaine longueur qui pouvait fournir l'isochronisme.

Si cette opinion s'applique à un ressort

spiral dont toute la longueur n'est pas homogène et de trempe égale, il est évident qu'en en retranchant les parties défectueuses, on arriverait à une longeur de ressort dont l'action et la réaction seraient égales. Encore faut-il que l'action soit renfermée dans des limites de tension qui ne soient pas susceptibles d'altérer les formes du ressort.

Les ressorts spiraux sont sujets à s'influencer des effets de la température, et ce n'est pas une des moindres causes de la variation qu'éprouvent les montres de poche et les chronomètres.

La chaleur dilate les ressorts spiraux, les affaiblit et augmente par conséquent l'amplitude des vibrations du balancier, en même tems que le point d'équilibre stable des balanciers est déplacé.

On peut se convaincre de l'altération que supporte un ressort spiral par la chaleur, en fixant une des extrémités d'un pareil ressort sur une plaque de cuivre qu'on chauffe par dessous au moyen d'une lampe à esprit de vin; si on examine avec attention l'extrémité libre du ressort, on le verrra s'écarter sensiblement de la direction des spires.

Pour corriger de pareils écarts, qui, ainsi que nous l'avons déjà observé, peuvent occasioner un frottement inégal de la part des pivots, du balancier, et ensuite un déplacement dans le point d'échappement par rapport aux momens de détente. Voici le moyen que nous avons employé avec succès dans un garde-tems.

Pl. 5, fig. 5, ABC est un ressort spiral double formé de la même lame d'acier. La partie supérieure AB est tournée dans un sens, et la partie inférieure AC l'est dans un sens contraire. Ces deux parties partent d'un pli commun A, formé sur la même lame.

Il est aisé de se rendre raison de la manière dont ce spiral se comporte par les changemens de température et pendant l'action du balancier. D'abord les deux lames se dilatant d'une quantité égale, le point A se déplacera seul, tandis que les extrémités, dont l'une est attachée au balancier, l'autre à la cage du mouvement, conserveront nécessairement, l'une par rapport à l'autre, la même position. Le point d'équilibre stable ne sera donc pas déplacé.

En second lieu, pendant l'action vibratoire du balancier, une des moitiés du spirale se détendra tandis que l'autre se tendra, et ces deux effets se produiront constamment et alternativement : les distances de l'axe au point d'attache du ressort spiral ne sauraient donc varier ni par les effets des oscillations ni par ceux des différences de température, et les frottemens des pivots seront à peu près constans, quels que soient les effets de la température sur le ressort spiral.

Les ressorts spiraux des montres sont des lames d'acier trempé et recuit, si fines que les moindres piqûres de rouille ou d'oxide peuvent ou les faire rompre ou altérer leur qualité.

On sait que, soit dans la fabrication de ces pièces, soit dans l'usage, elles sont soumises à une plus ou moins grande humidité ; cette humidité provient ordinairement de celle que contient l'atmosphère ; l'air de la mer est surtout chargé d'humidité; et dans les voyages lointains des navires, les montres sont encore exposées à recevoir les impressions des émanations délétères qui s'exhalent de la cale quand on en extrait l'eau qui y a séjourné quelque tems : une odeur de gaz hydrogène sulfuré se fait sentir dans tout le navire, et on remarque que les métaux polis, le cuivre, l'or, l'argent perdent facilement leur poli et se ternissent, si on n'a soin de les soustraire à cet effet. Non seulement les chronomètres et garde-tems sont exposés à souffrir de pareilles causes, mais aussi dans leur fabrication, la transpiration des ouvriers peut tendre à les humecter.

Pour garantir autant que possible ces pièces délicates de l'oxidation ou de la rouille, voici un moyen qui vient d'être proposé. Il consiste à enduire les ressorts et les pièces délicates qui y sont attachées, d'un vernis assez flexible pour ne pas altérer la liberté de ses fonctions, et on les garantit ainsi de l'humidité et des vapeurs salines ou autres auxquelles ils sont exposés.

Ce vernis se compose d'une demi-once par mesure d'essence de térébenthine ; on y ajoute quarante grains de camphre, et ensuite au mélange qui en résulte, dix grains de gomme copal réduite en poudre. On fait bouillir le tout, et on le maintient dans cet état pendant deux heures. On filtre ensuite au travers du coton où d'une autre substance convenable. Ce vernis doit être tenu dans un flacon bouché à l'émeri, dont l'orifice soit assez grand pour donner passage au balancier, à son ressort et à son ajustement, lequel doit être introduit dans le flacon, dans un état de sécheresse parfait, sans huile ni graisse. Après avoir été plongé dans le vernis, on doit l'en humecter avec soin avant de le retirer du flacon. Ensuite on expose le balancier et son attirail à une température de 93 à 130 degrés centigrades pendant six ou huit heures.

Au lieu de l'essence de térébenthine et du camphre, il est préférable d'employer une demi-once de l'huile qui se forme dans les réservoirs de gaz portatif, quand on peut s'en procurer. Mais, comme le gaz portatif est peu en usage aujourd'hui, les matières indiquées plus haut peuvent être employées.

On aura soin que l'essence de térébenthine soit pure et de bonne qualité.

## DES FUSÉES AUXILIAIRES.

L'effort que l'on exerce sur la clé des montres pendant qu'on les remonte, se fait en sens contraire du mouvement, et suspend leur marche; il est donc indispensable de pourvoir à cet arrêt, particulièrement dans les machines qui servent à mesurer le tems et à obtenir la longitude. On concevra l'utilité d'un système qui pourvoit aux arrêts dont nous parlons, en reflechissant que l'opération du remontage dure quelquefois une demi-minute, or une demi-minute de tems correspond à 7 $\frac{1}{2}$ minutes de degrés c'est-à-dire à 7 milles marins ou 7132,5 toises (13900 mètres).

Dans les montres qui ne sont point munies d'une fusée, dont le barillet porte immédiatement la roue motrice, l'effort du remontage s'exerce immédiatement sur le pivot carré du barillet sur lequel est assujettie l'extrémité du ressort moteur. L'autre extrémité étant fixée aux parois intérieures du barillet, même, en agissant sur l'axe du barillet qui est carré, pour recevoir la clé, on imprime donc au ressort la tension qui continue le mouvement dans le même sens, et un simple mécanisme d'encliquetage placé sur la cage, empêche ce ressort de rétrograder.

L'effort qu'on exerce ainsi pour le remontage, agit donc dans le sens même des mouvemens de la montre, et ne s'oppose pas à sa marche, qui continue à être uniforme pendant le tems du remontage.

Mais l'inégalité de tension d'un ressort aux limites du remontage et même dans les points intermédiaires, a rendu nécessaire l'emploi d'une fusée régulatrice, et on a vu dans le traité d'horlogerie comment cette pièce ingénieuse compense les inégalités dont nous parlons. Si on l'a supprimée dans les tems modernes, c'est qu'on est parvenu a obtenir, au moyen des échappemens libres et d'une certaine forme et dimension de ressort, la compensation d'une partie des inégalités en question; mais ces moyens ne sont que des approximations, qui ne sauraient convenir aux montres de précision.

On conçoit en effet, que le maximum de tension qui a lieu lorsque le ressort est tout-à-fait tendu, doit produire une accélération de mouvement lorsque la montre vient d'être remontée ; tandis qu'à la fin de sa période, le ressort presque détendu doit occasioner un retard dans la marche. Ces deux effets peuvent se compenser dans un intervalle de 24 heures, et même être minimes dans les époques intermédiaires, et les résultats peuvent encore suffire à l'usage civil ; mais quand il est question d'avoir des époques précises, des intervalles de tems également fractionnés, pour déterminer soit la position du vaisseau, soit des intervalles exacts d'observations astronomiques, quand les chronomètres sont destinés à être employés à toute heure de la journée, quelle que soit l'époque du remontage, l'usage d'une fusée et d'une fuséedite auxiliaire devient indispensable.

La fig. 6, pl. 5, représente une fusée dite auxiliaire. La fusée A, est assujettie sur une roue à rochet BC en acier. La fusée est munie intérieurement à sa base d'une roue à clique tordinaire, qui s'arrête sur le cliquet D, fig. 7, après avoir glissé dessus pendant l'action du remontage. La roue à rochet BC, est adaptée elle même sur la roue dentée motrice DT, qui donne le mouvement à la montre. Cette dernière roue est creusée, et dans la partie creuse, fig. 8, on a installé un ressort SV dont l'extrémité V porte une cheville qui traverse la roue à rochet BC, fig. 7, en V.

X, est un cliquet à pivot qui est appliqué à la cage de la montre, et qui est incessamment pressé au moyen du ressort Y, contre les dents de la roue à rochet BC. Cette dernière se meut avec la roue dentée pendant que la montre marche, parce que, par la disposition du cliquet X, ce dernier glisse sur les dents inclinées de cette roue.

Il est facile maintenant de comprendre comment le système se comporte. Supposons d'abord que la montre soit en action. La chaîne H agit sur la fusée, cette dernière sur le cliquet L, fig. 7; ce dernier cliquet entraîne avec lui la roue d'acier BC, et celle-ci appuie sur la cheville V du ressort VS, fig. 8; ce ressort se tend et entraîne avec lui la roue motrice DT.

Ainsi donc, le ressort VS est constamment tendu pendant que la montre marche, c'est-à-dire pendant que le ressort du barillet agit sur la chaîne et celle-ci sur la fusée.

Maintenant supposons que l'on remonte la montre; dans ce cas, l'action de la fusée étant suspendue et même agissant en sens contraire de la marche, il s'en suit que toute la fusée obéirait à ce mouvement rétrograde, voire même la roue dentée DT, s'il était possible que la roue d'acier pût marcher en sens contraire, mais le ressort Y et son cliquet X s'opposent à ce mouvement en arrière, tandis que le ressort intérieur SV conserve encore sa tension première. Par suite de cette tension, la roue dentée DT est donc sollicitée à continuer son mouvement pendant tout le tems que le ressort VS conserve sa tension.

La forme et les dimensions du ressort SV sont telles que le mouvement pourrait encore se continuer pendant plusieurs minutes après que l'action du barillet a cessé. C'est plus qu'il n'en faut pour ne pas suspendre la marche de la montre pendant le remontage.

Ce mécanisme simple et ingénieux est indispensable aux montres marines, aux chronomètres ou garde-tems, enfin à toutes les montres de précision. Comme il n'est point très couteux et facile à construire et réparer, nous ne voyons aucune raison pour qu'il ne fût point d'un emploi général dans l'usage civil. La plupart des horlogers s'appliquent avec tant de soins à munir les montres de compensateurs, parachutes, trous en rubis, échappemens en pierres, etc., que nous ne voyons point pourquoi ils n'emploieraient pas ce moyen efficace de prevenir une erreur, qui va bien plus loin que celles qu'ils parviennent à compenser par les moyens que nous venons d'indiquer : les bons ouvriers, les ouvriers fidèles et conscencieux savent très bien que l'emploi de la plupart de ces moyens n'ont d'autre but, le plus souvent, que de renchérir les pièces d'horlogerie, de leur donner plus d'apparence, sans plus de régularité.

Mais l'emploi d'une fusée auxiliaire serait

particulièrement nécessaire dans les montres ordinaires dont l'échappement est à recul. En effet, il est facile de se convaincre à la vue, que pendant qu'on monte ces montres, la roue de rencontre marche en sens contraire; on voit la roue de champ rétrograder, et cette circonstance apporte un écart notable dans la marche de la montre, et altère la roue d'échappement, qui n'agit plus d'une manière convenable sur les palettes de la verge du balancier. On ne saurait dont s'arguer de la répétition quotidienne de pareilles circonstances, et par conséquent de la compensation qui en résulterait, pour contredire ce que nous avons dit à cet égard. Cette compensation d'ailleurs étant variable comme l'intervalle qu'on emploie à monter la montre, comme la lenteur et la force qu'on emploie à faire agir la clé de la montre.

### DU PENDULE.

Quand un corps est placé sur un axe horizontal qui ne passe pas par son centre de gravité, il ne reste dans un état permanent d'équilibre que quand le centre de gravité est situé immédiatement au-dessous de cet axe. Si ce point est placé dans quelqu'autre situation, le corps oscillera de part et d'autre, jusqu'à ce que la résistance de l'atmosphère et le frottement de l'axe auront détruit son mouvement. Un pareil corps se nomme pendule; le mouvement de balancement, oscillation ou vibration.

L'usage du pendule pour la physique et pour l'économie ordinaire de la vie, est d'une très grande importance; il fournit le meilleur moyen de mesurer le tems, et de déterminer avec précision les divers phénomènes de la nature. Par son moyen, on découvre les variations de la force de gravité, à diverses latitudes, et la loi de cette variation d'une manière expérimentale; dans cette note, nous nous proposons d'expliquer les principes généraux qui régissent les oscillations du pendule, et nous donnerons ensuite quelques détails sur leur construction.

Le pendule simple se compose d'une balle pesante attachée à l'extrémité d'un fil flexible suspendu à un point fixe O, fig. 9. Quand le pendule est situé dans la position O C, la balle étant alors verticalement placée au-dessous de O, elle restera en équilibre; mais si elle est sollicitée à prendre la position O A et ensuite rendue libre, elle redescendra vers C. avec un mouvement accéléré dirigé selon l'arc A C. Arrivée en C, et ayant acquis une certaine vitesse, elle continuera, en vertu de son inertie, à se mouvoir dans la même direction; elle commencera à remonter dans l'arc prolongé, selon la vitesse acquise. Pendant son ascension, la balle, par son poids éprouvera un retard gradüé de la même manière qu'il a été accéléré pendant la descente de A en C; et quand la balle aura franchi l'arc CA' égal à CA, son entière vitesse sera détruite, et elle cessera de se mouvoir dans cette direction. Arrivée en A', de même qu'en A, elle redescendra vers C avec un mouvement accéléré semblable à son premier mouvement de A en C. Elle continuera ainsi de C en A, toujours de la même manière alternative. Dans ce cas, le fil qui suspend la balle est censé parfaitement flexible, inextensible et sans poids. En outre, le point de suspension est supposé exempt de frottement, et la résistance de l'atmosphère nulle.

Il est évident d'après ce que nous venons d'établir, que les tems du mouvement de A en A' et de A' en A sont égaux et continuent à l'être, tant que le pendule continue à vibrer. Si les nombres d'oscillations exécutées par le pendule sont comptées, et les tems connus, cet instrument deviendra un chronomètre.

La vitesse avec laquelle le mouvement du pendule est accéléré dans sa descente vers le point le plus bas, n'est pas uniforme, parce que la force d'impulsion décroît sans cesse, et disparaît entièrement au point C. La force impulsive résulte de la gravité qui agit sur la balle suspendue, et cet effet est toujours produit dans une direction verticale AV. Plus l'angle OAV sera grand, moins la force de gravité agira pour accélérer le mouvement. Cet angle croît évidemment à mesure que la balle approche de C. En C, la force de gravité agissant dans la direction CB, est totalement dépensée à tendre le fil; elle n'aide plus à la continuation du mouvement. Les mêmes observations sont applicables à la force retardatrice de C en A' et à la force accélératrice de A' en C et ainsi de suite.

Quand la longueur du fil et l'intensité de la force de gravité sont données, le tems des vibrations depend de l'étendue de l'arc A C, ou de la grandeur de l'angle A O C. Si cependant cet angle n'excède pas certaines limites d'étendue, le tems des vibrations ne sera pas sujet à une variation sensible, quelles que soient les inégalités de cet angle. Ainsi, le tems de l'oscillation sera le même si l'angle A O C est de 2° de 1° 30' de 1° ou de moins. Cette propriété du pendule est exprimée par le terme d'*isochronisme*. La démonstration rigoureuse de cette propriété dépend de principes mathématiques qui ne sauraient faire partie de cette notice. Cependant il n'est point difficile d'expliquer généralement comment il arrive que le même pendule peut fournir de grandes et de petites oscillations dans le même tems. S'il descend de A, la force de gravité, au commencement de son mouvement, lui donne une impulsion qui dépend de l'obliquité des lignes OA et AV. S'il commence son mouvement de *a*, l'effet d'impulsion résultant de la force de gravité sera beaucoup moindre qu'en A. Par conséquent, le pendule commence à se mouvoir sous une plus petite vitesse quand il part de *a* que quand il se meut selon A ; la plus grande étendue de l'oscillation est par conséquent compensée par l'augmentation de vitesse, si bien que les arcs de vibration plus grands ou plus petits sont parcourus dans le même tems.

Pour établir cette propriété d'une manière expérimentale, il est seulement nécessaire de suspendre une petite balle de métal ou de toute autre substance pesante, par un fil flexible, et de lui imprimer un mouvement de vibration qui n'excède pas de 4 ou 5° ; le frottement du point de suspension et d'autres causes diminueront graduellement les arcs de vibration, de telle sorte qu'après quelques heures, elles deviendront si petites qu'il serait difficile de les distinguer sans microscope. Si dans ce moment on compare les vibrations du pendule avec un garde-tems exact, au commencement, au milieu et vers la fin du mouvement, on trouvera qu'elles n'ont supporté aucune variation sensible.

Cette loi remarquable de l'isochronisme fut une des premières découvertes de Galilée. On rapporte qu'étant très jeune, il observa le mouvement d'un lustre suspendu dans l'église de Pise, qui se mouvait comme un pendule. Il fut frappé de l'uniformité de vitesse alors même que l'étendue des vibrations était sujette à des variations évidentes.

On sait que l'attraction produite par la gravité affecte tous les corps également, et leur imprime la même vitesse quelle que soit sa nature ou la quantité de matière dont ils sont composés. Puisque c'est la force de gravité qui fait mouvoir le pendule, nous devons nous attendre à ce que les circonstances de ce mouvement ne doivent pas être affectées, soit par la quantité, soit par l'espèce de corps de pendule. C'est ce qui arrive en effet, car si de petites particules différemment pesantes et de différentes espèces, telles que du plomb, du laiton ou de l'ivoire, etc., sont suspendues à un fil d'égale longueur, elles vibreront dans des tems égaux dans le vide.

Puisque le tems des vibrations d'un pendule qui oscille dans de petits arcs, ne dépend ni de l'étendue des arcs de vibration, ni de la qualité, ou du poids du corps qui compose le pendule, il est nécessaire d'expliquer les circonstances qui peuvent produire des variations dans le tems des vibrations.

Celle de ces circonstances qui influe le plus sur le tems des vibrations, est la longueur du fil de suspension. Les plus sévères expériences ont démontré ce fait, que chaque accroissement en longueur de la part du fil de suspension produit une augmentation correspondante dans le tems des vibrations ; mais d'après cela, comment la loi de l'augmentation aura-t-elle lieu? si la longueur du fil est doublé ou triplée, le tems des vibrations sera-t-il également doublé ou triplé?

Ce problême est susceptible d'une solution mathématique exacte, et le résultat montre que le tems des vibrations accroît, non pas dans la proportion de l'augmentation de longueur du fil de suspension, mais bien comme la racine carrée de cette même longueur ; c'est-à-dire, que si la longueur du fil est accrue du quadruple, le tems des vibrations sera augmenté du double; si le fil est rendu neuf fois plus long, le tems des vibrations sera triplé, et ainsi de suite. Cette relation est exactement la même que celle qui existe entre les espaces parcourus par un corps grave qui tombe librement, et les tems de sa chute.

Cette loi de proportionnalité entre la longueur du pendule et le carré des tems de vibration, peut être établie expérimentalement de la manière suivante.

Soit A, B, C, fig. 10, trois balles de métal attachées chacune par des fils, à deux points de suspension, et supposons-les placées dans la même ligne verticale au-dessous du point O; supposons-les aussi tellement ajustées, que les distances O A, O B et O C soient proportionnelles aux nombres 1, 4, 9. Dérangeons-les maintenant de leur situation verticale, et faisons-les mouvoir dans une direction perpendiculaire au plan de la feuille, de telle sorte que les fils soient dans le même plan, les trois pendules auraient par conséquent le même angle de vibration. Si maintenant on les abandonne librement, le pendule A anticipera immédiatement sur B, et B sur C, si bien que A aura complété une vibration avant B ou C. Au terme de la seconde vibration de A, le pendule B sera arrivé à la fin de la première vibration, si bien que les fils de suspension de A et de B seront alors séparés de tout un angle de vibration. Au terme de la quatrième vibration de A, les fils de suspension de A et de B seront de retour à leur première position, B ayant complété deux vibrations; de cette façon, le rapport des tems de vibrations de B et A sera comme 2 à 1, le rapport des longueurs étant de 4 à 1. A la fin de la troisième vibration de A, C aura complété une vibration, et les fils de suspension coïncideront dans la position distante de tout un angle de vibration de leur première position. Ainsi donc, trois vibrations de A sont remplies dans le même tems qu'une de C. Le rapport du tems de vibration de C et A est par conséquent de 3 à 1, celui de leur longueur étant de 9 à 1, conformément aux lois que nous avons déjà expliquées.

Dans toutes les observations précédentes,

nous avons supposé que la matière du pendule fût d'une dimension inappréciable, son poids total étant réuni en un seul point physique. C'est ce qu'on nomme un pendule simple; mais puisque les conditions d'un fil de suspension sans poids, d'une balle pesante sans volume, ne peut exister, le pendule simple n'est qu'imaginaire, et simplement admis pour établir les hypothèses théoriques, qui bien qu'inapplicables en pratique, n'en fournissent pas moins les moyens de rechercher les lois qui régissent les phénomènes du pendule.

Un pendule étant d'un volume déterminé, ses diverses parties seront situées à différentes distances de l'axe de suspension. Si chaque partie composante d'un pareil pendule était séparément ajustée sur l'axe de suspension, par un fil délié, elle formerait un pendule indépendant simple, qui oscillerait selon les lois précitées. Il s'ensuit par conséquent que celles de ces parties du corps qui sont les plus voisines de l'axe de suspension, si elles étaient rendues indépendantes des autres, vibreraient plus rapidement que celles qui en sont plus éloignées. Toutefois leur réunion en un corps solide les oblige à vibrer, toutes, dans un même tems ; et par suite celles des parties du pendule qui sont les plus voisines de l'axe de suspension sont retardées par le mouvement plus lent de celles qui en sont plus éloignées ; tandis que les parties les plus éloignées sont sollicitées à un mouvement plus rapide en vertu de leur connexion avec les premières. Ceci se comprendra plus facilement, si nous concevons deux particules de matière A et B, fig. 11, réunies sur le même axe O, au moyen d'une même verge inflexible OC, dont on peut négliger le poids. Si B est écarté de sa position, A doit vibrer dans un certain tems qui dépendra de la distance OA. Si A est dérangé, et que B soit placé sur la verge, à une distance BO égale à 4 fois AO, B doit vibrer en deux fois le premier tems. Maintenant si les deux corps sont placés sur la même verge aux mêmes distances mentionnées plus haut, la tendance de A à vibrer plus rapidement sera transmise à B par le moyen de la verge, et ce dernier sera sollicité à se mouvoir plus rapidement que si A n'était pas présent : d'un autre côté la tendance de B à vibrer plus lentement sera transmise par le moyen de la verge à A, et l'obligera à se mouvoir plus lentement que si B n'était pas présent. La qualité inflexible de la verge oblige A et B à vibrer simultanément, le tems des vibrations étant plus grand que celui de A et moindre que celui de B, ainsi qu'il arriverait s'ils avaient la faculté de vibrer séparément.

Si, au lieu de supposer deux particules de matières placées sur la verge, on admet qu'un plus grand nombre fût placé à diverses distances de O, il est évident que le même raisonnement leur serait applicable. Elles s'affecteraient mutuellement dans leurs mouvemens les plus voisins de O, accéléreraient le mouvement des plus éloignées, et ces dernières agiraient dans un sens contraire. Parmi ces particules, on doit en trouver une dans laquelle tous ces effets doivent être neutralisés, toutes les particules plus voisines de O étant retardées en raison du mouvement qu'elles acquerraient si elles étaient séparées du reste, et celles plus éloignées étant accélerées par la même raison. Le point où se trouve cette particule est nommé *centre d'oscillation.*

Ce que nous venons d'observer relativement aux particules matérielles d'une verge rigide est également applicable aux particules d'un corps solide. Au moyen du centre d'oscillation, les calculs qui sont relatifs aux vibrations d'un corps solide se réduisent à ceux d'un molécule d'un volume inappréciable. Toutes les propriétés qui ont été expliquées comme se rapportant au pendule simple, peuvent être appliquées à un corps vibrant d'un volume et d'une forme quelconque, en le considérant comme une simple particule de matière qui vibre à son centre d'oscillation.

Il suit de là que la longueur verticale d'un pendule doit se compter par la distance de son centre d'oscillation au centre de l'axe de suspension, et par conséquent que le tems des vibrations des pendules différens sont dans le même rapport que la racine carrée des distances de leurs centres d'oscillations aux axes de suspension.

La recherche du point où se trouve le centre d'oscillation, est dans beaucoup de cas le sujet de calculs mathématiques compliqués. Elle repose sur le volume et la forme du corps vibrant, sur la manière dont la masse est distribuée dans le volume, c'est-à-dire snr la densité de ses diverses parties ; enfin sur la position de l'axe de suspension.

La place du centre d'oscillation peut être déterminée quand la position du centre de gravité et le centre de giration (1) sont connus. Car la distance du centre d'oscillation à l'axe sera toujours obtenue en divisant le carré du rayon giratoire par la distance du centre de gravité à l'axe. Ainsi, par exemple, si 6 est le rayon de giration, et 9 la distance du centre de gravité à l'axe, 36 divisé par 9 ou

(1) On appelle centre de giration, le point qui, dans un corps qui se meut autour d'un axe, reproduirait la même vitesse angulaire si toute sa masse pouvait y être ramassée. Pour trouver le centre de giration, il faut multiplier le poids de chaque partie du corps ou du système en mouvement, par le carré de leur distance au centre de mouvement, et diviser la somme des produits par le poids de la masse entière : la racine carrée du quotient donnera la distance du centre de giration au centre de mouvement.

4 sera la distance du centre d'oscillation à l'axe. On peut inférer de là que, plus le rapport que le rayon de giration apporte à la distance du centre de gravité à l'axe sera grand, plus la distance du centre d'oscillation sera pareillement grande.

Il suit de ce raisonnement, que la longueur d'un pendule n'est point limitée par les dimensions de son volume. Si l'axe est ainsi placé, que le centre de gravité est voisin, et le centre de giration comparativement plus éloigné, le centre d'oscillation peut être placé bien au-delà des limites du corps du pendule. Supposons le centre de gravité à la distance d'un pouce de l'axe, et le centre de giration à 12 pouces, le centre d'oscillation alors sera à une distance de 144 pouces ou 12 pieds. Un pareil pendule ne saurait, dans ses plus grandes dimensions, excéder un pied, et encore le tems des vibrations serait égal à celui d'un pendule simple d'une longueur de 12 pieds.

Par ces moyens on peut obtenir des pendules de petites dimensions dont les vibrations sont aussi lentes qu'on peut le désirer. L'instrument qu'on nomme *métronome*, et qu'on emploie pour mesurer les tems en matière de musique, est construit sur ce principe.

Le centre d'oscillation jouit d'une propriété remarquable relativement au point de suspension. Si A, fig. 12, est le point de suspension et O le point correspondant ou centre d'oscillation, le tems des vibrations du pendule ne sera pas changé, si étant enlevé de son support et renversé, on le suspend par le point O. Il s'en suit par conséquent que si O est pris comme point de suspension, A sera le centre correspondant d'oscillation. Ces deux points sont donc convertibles. Cette propriété peut être vérifiée expérimentalement de la manière suivante.

Un pendule ayant été mis en vibration, suspendons un petit corps pesant au moyen d'un fil très délié, dont la longueur soit telle qu'il vibre simultanément avec le pendule. Mesurons la distance du point de suspension au centre du corps mobile, et portons cette distance sur le pendule à partir de l'axe de suspension par en bas; on obtiendra de cette manière la place du centre d'oscillation, puisque la distance ainsi mesurée à partir de l'axe est équivalente au pendule simple. Si maintenant le pendule est enlevé de son support, renversé, et suspendu par le centre d'oscillation obtenu comme nous l'avons indiqué plus haut, on trouvera qu'il vibre simultanément avec le corps suspendu par le fil.

Cette propriété de pouvoir intervertir les centres d'oscillation et de suspension, a été mise dernièrement à profit pour déterminer la longueur d'un pendule: pour cela on détermine avec exactitude les deux points de suspension auxquels le même corps vibrera dans le même tems; la distance comprise entre ces deux points, marquée avec soin, sera la longueur du pendule simple équivalent.

La relation qui existe entre le tems des vibrations d'un pendule et sa longueur ayant été expliquée, il nous reste maintenant à examiner comment ce tems peut être affecté par l'attraction de la gravité.

Il est évident que, puisque le pendule se meut par cette attraction, la rapidité de son mouvement sera accrue si la force impulsive reçoit une augmentation. Mais il est encore à indiquer dans quelle proportion exacte le tems des oscillations varie à mesure que l'intensité de l'attraction terrestre varie. On peut démontrer mathématiquement que le tems des vibrations d'un pendule suit le même rapport que celui de la chute des graves tombant librement dans une direction perpendiculaire au travers d'un espace égal à la moitié de la longueur du pendule, ou dans le rapport de la circonférence du cercle au diamètre. Puisque donc, les tems des vibrations d'un pendule sont dans un rapport fixe avec les tems employés par les graves pour parcourir des espaces égaux à la moitié de la longueur des pendules, il s'ensuit que ces tems ont la même relation avec la force attractive. Si la force de gravité s'accroît dans un rapport quadruple, le tems de la chute au travers d'un espace donné diminuera de moitié. Si cette intensité devient neuf fois plus grande, le tems de chute au travers de l'espace donné deviendra trois fois moindre, et ainsi de suite la diminution des tems sera proportionnelle aux racines carrées des accroissemens de force. On a pu de cette manière établir une loi qui fût aussi applicable aux vibrations des pendules. Un accroissement d'intensité de force de gravité obligera un pendule donné à se mouvoir plus rapidement, et l'accroissement de vitesse dans les vibrations suivra la même proportion que la racine carrée de l'augmentation d'intensité de force attractive.

Les lois qui règlent le tems des vibrations d'un pendule comparativement à un centre, étant bien comprises, toute la théorie de ces instrumens sera complète, quand la méthode de s'assurer du tems actuel d'une vibration d'un pendule en relation de sa longueur sera expliquée. Pour une pareille recherche, deux élémens restent à être déterminés, 1° le tems exact d'une vibration simple; 2° la distance exacte du centre d'oscillation au point de suspension.

On obtient le premier en mettant en mouvement le pendule en présence d'un bon chronomètre, et en tenant un compte précis du nombre d'oscillations qu'il fournit dans un nombre d'heures déterminé. Le tems entier pendant lequel le pendule vibre étant divisé par le nombre d'oscillations fournies pendant ce même tems donnera le tems exact d'une oscillation.

La distance du centre d'oscillation au point de suspension peut être calculée avec facilité en donnant une figure uniforme et une matière homogène au corps du pendule.

Le tems de vibration d'un pendule d'une longueur connue étant obtenu, nous allons procéder immédiatement à résoudre l'un et l'autre des deux problèmes suivans :

Trouver la longueur d'un pendule qui doit vibrer dans un tems donné.

Trouver le tems de vibration d'un pendule d'une longueur donnée.

Le premier de ces deux problèmes se résout ainsi : le tems de vibration du pendule connu est au tems de vibration du pendule demandé, comme la racine carrée de la longueur du pendule connu est à la racine carrée de la longueur du pendule demandé. Cette longueur peut donc s'obtenir par les règles ordinaires d'arithmétique.

Le second problème se résoudra ainsi : la longueur du pendule connu est à la longueur du pendule proposé comme le carré du tems de vibration du pendule connu est au carré du tems de vibration du pendule proposé. Le quatrième terme de cette proportion se détermine encore arithmétiquement.

Puisque la vitesse d'un pendule a une relation connue avec l'intensité de l'attraction terrestre, nous pouvons, au moyen de cet instrument, non seulement découvrir certaines variations que cette attraction présente dans certains lieux de la terre, mais encore déterminer l'énergie de cette attraction dans les divers points de sa surface.

L'énergie de l'attraction terrestre pour un endroit donné est estimée par la hauteur d'où un corps grave peut descendre librement dans un intervalle de tems déterminé, en une seconde par exemple. Pour la déterminer, avec un pendule qui fournit la seconde, on fera cette proportion; la circonférence du cercle est à son diamètre comme une seconde est au tems de la chute du corps tombant au travers d'un espace égal à la moitié de la longueur de ce pendule. On calculera ainsi ce tems. D'un autre côté on a démontré que les hauteurs que les corps parcourent librement dans leur chute sont proportionelles aux carrés des tems, il s'en suivra donc, que le carré du tems employé par le corps grave pour tomber d'une hauteur égale à la moitié de la longueur du pendule, est à une seconde, comme la moitié de la longueur du pendule est à la hauteur au travers de laquelle un corps devrait tomber en une seconde. Cette hauteur peut ainsi être calculée, et par suite on obtiendra l'intensité de la force de gravité.

Pour comparer la force de gravité en divers lieux de la terre, il est seulement nécessaire de faire vibrer le même pendule dans les lieux soumis à l'observation, et d'examiner la rapidité des vibrations. Le rapport de la force de gravité dans les divers lieux sera celui du carré des vitesses de vibration. Plusieurs observations de ce genre ont été faites par MM. Biot, Sabine, Freycinet Duperrey, etc.

La terre étant une masse de matière d'une forme presque sphérique, tournant avec une rapidité considérable sur son axe, ses parties constituantes sont affectées des effets de la force centrifuge, en vertu de laquelle elles ont une tendance à s'échapper dans une direction perpendiculaire à son axe. Cette tendance s'accroît en proportion de l'accroissement des distances de chaque partie à l'axe, et conséquemment les parties de notre planète qui sont voisines de l'équateur, sont plus fortement affectées de cette influence que celles qui avoisinent les pôles. On sait que telle est la cause de la forme sphéroïdale de la terre. La force centrifuge agit en opposition de la force d'attraction, diminue ses effets, et par conséquent là où cette force est la plus grande, un pendule doit vibrer plus lentement; il s'en suit donc que la vitesse de vibration d'un pendule devient une indication de l'énergie de la force centrifuge. Mais cette dernière varie en proportion de la distance du lieu à l'axe de la terre; et par suite la vitesse d'un pendule peut indiquer la relation des distances des différentes parties de la surface de la terre à son axe. La forme de notre planète peut être ainsi vérifiée, et ce que la théorie indique peut être encore confirmé d'une maniere pratique.

Toutefois ce n'est pas la seule méthode au moyen de laquelle on peut déterminer la figure de la terre. Les méridiens étant des sections qui passent par l'axe de la terre, si leur figure était exactement déterminée, celle de la terre serait connue. Des mesures d'arcs de méridien sur une grande échelle ont été exécutées, et sont encore suivies dans diverses régions, en vue de déterminer la courbure des méridiens sous différentes latitudes. Cette méthode est indépendante de toute hypothèse concernant la densité et la structure intérieure du globe, et est considérée par beaucoup de savans comme plus susceptible d'exactitude que les résultats que fournissent les observation du pendule.

Nous avons déjà observé que quand les arcs de vibration d'un pendule ne sont pas très petits, les variations d'amplitude peuvent produire un effet sensible sur le tems des vibrations. Les géomètres se sont efforcés à trouver un pendule tel que le tems des vibrations fût indépendant de leur amplitude. Ce problème fut résolu par Huyghens, qui démontra que la courbe désignée sous le nom de *cycloïde*, précédemment découverte par Gallilée, possédait la propriété de l'isochronisme; c'est-à-dire qu'un corps qui se mouvrait dans cette courbe par l'effet de la force de gravité, vibrerait dans des tems égaux quelles que soient les amplitudes des arcs décrits.

Soit OA, fig. 13, une ligne horizontale; et OB un cercle placé au-dessous de cette ligne et tangent avec elle. Si ce cercle roule sur la ligne de O vers A, un point de sa circonférence qui au commencement du mouvement serait placé en O, parcourra pendant le mouvement la courbe O C A. Cette courbe s'appelle cycloïde. Si on suppose que le cercle se meuve de la même manière dans la direction opposée, c'est-à-dire vers A', le même point O tracera un autre cycloïde O C' A'. Les points C et C' étant les plus bas de ces deux courbes, si on tire les perpendiculaires C D et C' D', elles seront respectivement égales au diamètre du cercle. Par une propriété connue de cette courbe, les arcs OC et OC' sont égaux à deux fois le diamètre de ce cercle. Supposons qu'on suspende au point O un fil flexible dont la longueur soit égale à deux fois le diamètre du cercle, et qui supporte une balle en P à son extrémité. Si les courbes O C et O C' formaient des plans convexes sur lesquels le fil pût être appliqué, l'extrémité P arriverait aux points C et C' quand le fil entier serait appliqué sur l'une ou l'autre courbe. Comme le fil est écarté de chaque côté de sa position verticale, il s'applique dans une plus ou moins grande partie de sa longueur sur l'une et l'autre courbe, d'une manière proportionnelle à son écart de la direction verticale. Si cet écart est tel de chaque côté, que le point P arrive aux points C et C', l'extrémité du fil décrira une cycloïde, C P C', précisément égale et semblable à celles déjà mentionnées.

Profitant, lui-même, des propriétés de cette courbe, Huyghens construisit son pendule cycloïdal. Le tems des vibrations ne fut plus sujet à aucune variation, quelque changement que pût éprouver l'amplitude des arcs, pourvu seulement que la longueur de la verge OP fût constamment la même.

Si de petits arcs de la cycloïde sont pris de

chaque côté du point P, ils ne différeront pas sensiblement des arcs de cercle décrits du centre O avec le rayon OP; car dans les petits écarts de la position verticale, l'effet des courbes OC et OC' sur le fil OP est presque nul. C'est ce qui fait que lorsque dans les pendules ordinaires les arcs de vibration sont faibles, ils participent aux propriétés de la cycloïde et fournissent l'isochronisme; mais quand les écarts de la direction verticale sont grands, l'effet des courbes OC et OC' sur le fil produit une déviation considérable du point P à l'arc du cercle, dont le centre est O èt le rayon OP, et par conséquent la propriété de l'isochronisme ne saurait long-tems se soutenir dans un pendule ordinaire.

# TABLE

*Pour réduire les degrés de longitudes ou parties de l'équateur en tems.*

| Degrés. | Heures. | Minutes. | Degrés. | Heures. | Minutes. | Degrés. | Heures. | Minutes. | Degrés. | Heures. | Minutes. | Degrés. | Heures. | Minutes. | Degrés. | Heures. | Minutes. |
|---|---|---|---|---|---|---|---|---|---|---|---|---|---|---|---|---|---|
| 1 | 0 | 4 | 31 | 2 | 4 | 61 | 4 | 4 | 91 | 6 | 4 | 121 | 8 | 4 | 151 | 10 | 4 |
| 2 | 0 | 8 | 32 | 2 | 8 | 62 | 4 | 8 | 72 | 6 | 8 | 122 | 8 | 8 | 152 | 10 | 8 |
| 3 | 0 | 12 | 33 | 2 | 12 | 63 | 4 | 12 | 93 | 6 | 12 | 123 | 8 | 12 | 153 | 10 | 12 |
| 4 | 0 | 16 | 34 | 2 | 16 | 64 | 4 | 16 | 94 | 6 | 16 | 124 | 8 | 16 | 154 | 10 | 16 |
| 5 | 0 | 20 | 35 | 2 | 20 | 65 | 4 | 20 | 95 | 6 | 20 | 125 | 8 | 20 | 155 | 10 | 20 |
| 6 | 0 | 24 | 36 | 2 | 24 | 66 | 4 | 24 | 96 | 6 | 24 | 126 | 8 | 24 | 156 | 10 | 24 |
| 7 | 0 | 28 | 37 | 2 | 28 | 67 | 4 | 28 | 97 | 6 | 28 | 127 | 8 | 28 | 157 | 10 | 28 |
| 8 | 0 | 32 | 38 | 2 | 32 | 68 | 4 | 32 | 98 | 6 | 32 | 128 | 8 | 32 | 158 | 10 | 32 |
| 9 | 0 | 36 | 39 | 2 | 36 | 69 | 4 | 36 | 99 | 6 | 36 | 129 | 8 | 36 | 159 | 10 | 36 |
| 10 | 0 | 40 | 40 | 2 | 40 | 70 | 4 | 40 | 100 | 6 | 40 | 130 | 8 | 40 | 160 | 10 | 40 |
| 11 | 0 | 44 | 41 | 2 | 44 | 71 | 4 | 44 | 101 | 6 | 44 | 131 | 8 | 44 | 161 | 10 | 44 |
| 12 | 0 | 48 | 42 | 2 | 48 | 72 | 4 | 48 | 102 | 6 | 48 | 132 | 8 | 48 | 162 | 10 | 48 |
| 13 | 0 | 52 | 43 | 2 | 52 | 73 | 4 | 52 | 103 | 6 | 52 | 133 | 8 | 52 | 163 | 10 | 52 |
| 14 | 0 | 56 | 44 | 2 | 56 | 74 | 4 | 56 | 104 | 6 | 56 | 134 | 8 | 56 | 164 | 10 | 56 |
| 15 | 1 | 0 | 45 | 3 | 0 | 75 | 5 | 0 | 105 | 7 | 0 | 135 | 9 | 0 | 165 | 11 | 0 |
| 16 | 1 | 4 | 46 | 3 | 4 | 76 | 5 | 4 | 106 | 7 | 4 | 136 | 9 | 4 | 166 | 11 | 4 |
| 17 | 1 | 8 | 47 | 3 | 8 | 77 | 5 | 8 | 107 | 7 | 8 | 137 | 9 | 8 | 167 | 11 | 8 |
| 18 | 1 | 12 | 48 | 3 | 12 | 78 | 5 | 12 | 108 | 7 | 12 | 138 | 9 | 12 | 168 | 11 | 12 |
| 19 | 1 | 16 | 49 | 3 | 16 | 79 | 5 | 16 | 109 | 7 | 16 | 139 | 9 | 16 | 169 | 11 | 16 |
| 20 | 1 | 20 | 50 | 3 | 20 | 80 | 5 | 20 | 110 | 7 | 20 | 140 | 9 | 20 | 170 | 11 | 20 |
| 21 | 1 | 24 | 51 | 3 | 24 | 81 | 5 | 24 | 111 | 7 | 24 | 141 | 9 | 24 | 171 | 11 | 24 |
| 22 | 1 | 28 | 52 | 3 | 28 | 82 | 5 | 28 | 112 | 7 | 28 | 142 | 9 | 28 | 172 | 11 | 28 |
| 23 | 1 | 32 | 53 | 3 | 32 | 83 | 5 | 32 | 113 | 7 | 32 | 143 | 9 | 32 | 173 | 11 | 32 |
| 24 | 1 | 36 | 54 | 3 | 36 | 84 | 5 | 36 | 114 | 7 | 36 | 144 | 9 | 36 | 174 | 11 | 36 |
| 25 | 1 | 40 | 55 | 3 | 40 | 85 | 5 | 40 | 115 | 7 | 40 | 145 | 9 | 40 | 175 | 11 | 40 |
| 26 | 1 | 44 | 56 | 3 | 44 | 86 | 5 | 44 | 116 | 7 | 44 | 146 | 9 | 44 | 176 | 11 | 44 |
| 27 | 1 | 48 | 57 | 3 | 48 | 87 | 5 | 48 | 117 | 7 | 48 | 147 | 9 | 48 | 177 | 11 | 48 |
| 28 | 1 | 52 | 58 | 3 | 52 | 88 | 5 | 52 | 118 | 7 | 52 | 148 | 9 | 52 | 178 | 11 | 52 |
| 29 | 1 | 56 | 59 | 3 | 56 | 89 | 5 | 56 | 119 | 7 | 56 | 149 | 9 | 56 | 179 | 11 | 56 |
| 30 | 2 | 0 | 60 | 4 | 0 | 90 | 6 | 0 | 120 | 8 | 0 | 150 | 10 | 0 | 180 | 12 | 0 |

On réduira les minutes en regardant les nombres de la table comme des minutes et des secondes.

On réduira les secondes en prenant les nombres de la table pour des secondes et des tierces ; mais on convertira les tierces en fractions de secondes, en mettant un dixième pour 6''' et 2 dixièmes pour 12''', et ainsi de suite.

*TABLE pour réduire le tems en partie de l'équateur ou en degrés de longitude.*

| Heures. | Degrés. | Minutes ou Secondes. | Degr. | M. | Minutes ou Secondes. | Degr. | M. |
|---|---|---|---|---|---|---|---|
| | | | M. | S. | | M. | S. |
| 1 | 15 | 1 | 0 | 15 | 31 | 7 | 45 |
| 2 | 30 | 2 | 0 | 30 | 32 | 8 | 0 |
| 3 | 45 | 3 | 0 | 45 | 33 | 8 | 15 |
| 4 | 60 | 4 | 1 | 0 | 34 | 8 | 30 |
| 4 | 75 | 5 | 1 | 15 | 35 | 8 | 45 |
| 6 | 90 | 6 | 1 | 30 | 36 | 9 | 0 |
| 7 | 105 | 7 | 1 | 45 | 37 | 9 | 15 |
| 8 | 120 | 8 | 2 | 0 | 38 | 9 | 30 |
| 9 | 135 | 9 | 2 | 15 | 39 | 9 | 45 |
| 10 | 150 | 10 | 2 | 30 | 40 | 10 | 0 |
| 11 | 165 | 11 | 2 | 45 | 41 | 10 | 15 |
| 12 | 180 | 12 | 3 | 0 | 42 | 10 | 30 |
| 13 | 195 | 13 | 3 | 15 | 43 | 10 | 45 |
| 14 | 210 | 14 | 3 | 30 | 44 | 11 | 0 |
| 15 | 225 | 15 | 3 | 45 | 45 | 11 | 15 |
| 16 | 240 | 16 | 4 | 0 | 46 | 11 | 30 |
| 17 | 255 | 17 | 4 | 15 | 47 | 11 | 45 |
| 18 | 270 | 18 | 4 | 30 | 48 | 12 | 0 |
| 19 | 285 | 19 | 4 | 45 | 49 | 12 | 15 |
| 20 | 300 | 20 | 5 | 0 | 50 | 12 | 30 |
| 21 | 315 | 21 | 5 | 15 | 51 | 12 | 45 |
| 22 | 330 | 22 | 5 | 30 | 52 | 13 | 0 |
| 23 | 345 | 23 | 5 | 45 | 53 | 13 | 15 |
| 24 | 360 | 24 | 6 | 0 | 54 | 13 | 30 |
| | | 25 | 6 | 15 | 55 | 13 | 45 |
| | | 26 | 6 | 30 | 56 | 14 | 0 |
| | | 27 | 6 | 45 | 57 | 14 | 15 |
| | | 28 | 7 | 0 | 58 | 14 | 30 |
| | | 29 | 7 | 15 | 59 | 14 | 45 |
| | | 30 | 7 | 30 | 60 | 15 | 0 |

***POSITION** géographique ou Table des latitudes et longitudes des principaux lieux de France, par rapport au méridien de Paris, celui qui passe par l'Observatoire royal.*

| NOMS DES LIEUX. | LATITUDE boréale. | LONGITUDE EN DEGRÉS. | LONGITUDE EN TEMS. |
|---|---|---|---|
| Agde (feu du port).. | 43°16' 45" | 1°6' 30" E | 0h 4' 26" |
| Aigues-Mortes (tour de Constance).... | 43 34 7 | 1 51 9 E | 0 7 25 |
| Aiguillon (phare)... | 47 14 35 | 4 36 1 O | 0 18 24 |
| Ailly (phare)....... | 49 55 7 | 1 22 40 O | 0 5 31 |
| Alby (cathédrale).. | 43 55 44 | 0 11 43 O | 0 0 47 |
| Alençon (tour)..... | 48 25 49 | 2 14 52 O | 0 8 59 |
| Alpreck (fanal).... | 50 42 0 | 0 46 40 O | 0 3 7 |
| Altkirch (clocher).. | 47 36 55 | 4 54 33 E | 0 19 38 |
| Amiens (cathédrale). | 49 53 43 | 0 2 4 E | 0 0 8 |
| Angers (Saint Aubin) | 47 28 11 | 2 53 28 O | 0 11 34 |
| Angoulême (Saint-Pierre).......... | 45 39 0 | 2 11 8 O | 0 8 45 |
| Antibes (N. D. de la garde).......... | 43 33 51 | 4 47 44 E | 0 19 11 |
| Arras (le beffroi)... | 50 17 31 | 0 26 26 E | 0 1 46 |
| Arsines (porte des Hautes-Alpes)... | 44 55 20 | 4 1 24 E | 0 16 6 |
| Autun (cathédrale). | 46 36 43 | 1 57 46 E | 0 7 51 |
| Auxonne (clocher).. | 47 11 39 | 3 3 8 E | 0 12 13 |
| Avesnes (tour de l'église)........... | 50 7 22 | 1 35 47 E | 0 6 23 |
| Baleines, (tour des feu)............. | 46 14 44 | 3 53 57 O | 0 15 36 |
| Baletons (monts Pyrénées)........ | 42 50 23 | 2 37 43 O | 0 10 31 |

| LIEUX. | LATITUDE boréale. | LONGITUDE. | |
|---|---|---|---|
| Balon (mt Vosges).. | 47° 54' 6" | 4° 45' 46" E | 0h 19' 3" |
| Bapeaume (clocher) | 50 6 10 | 0 30 48 E | 0 2 3 |
| Barfleur (fal du sud) | 49 40 7 | 3 35 58 O | 0 14 24 |
| Bar-le-D. (S. Pierre) | 48 46 8 | 2 49 24 E | 0 11 18 |
| Bayeux (cathédr.). | 49 16 35 | 3 2 27 O | 0 12 10 |
| Bayonne (cathédr.) | 43 29 29 | 3 48 57 O | 0 55 16 |
| Beaune (signal).... | 47 22 9 | 4 1 20 E | 0 16 5 |
| Beauvais (S. Pierre). | 49 26 0 | 0 15 19 O | 0 1 1 |
| Belfort (ang. O. de la citadelle)..... | 47 38 13 | 4 31 44 E | 0 18 7 |
| Belles-filles (pyram. des Vosges.)..... | 47 46 4 | 4 26 19 E | 0 17 45 |
| Belley (clocher)... | 45 45 28 | 3 21 9 E | 0 13 25 |
| Berard (le grand, B.-Alpes)....... | 44 26 57 | 4 19 25 E | 0 17 18 |
| Besançon (citadelle) | 47 13 14 | 3 41 56 E | 0 14 48 |
| Béthune (ft St Vast). | 50 31 58 | 0 18 6 E | 0 1 12 |
| Béziers (cathédr.).. | 43 20 31 | 0 52 23 E | 0 3 30 |
| Biarritz (fanal).... | 43 29 0 | 3 54 21 O | 0 15 37 |
| Blaye (le pâté).... | 45 7 7 | 3 0 58 O | 0 12 4 |
| Blois (tr St.-Louis). | 47 35 21 | 1 9 2 O | 0 4 0 |
| Bordeaux (St.-André, fl. O.)...... | 44 50 19 | 2 54 56 O | 0 11 40 |
| Bouc (port)....... | 43 23 27 | 2 38 47 E | 0 10 35 |
| Boulogne (la colon.) | 50 44 32 | 0 43 9 O | 0 2 53 |
| Bourg (en Bresse).. | 46 12 22 | 2 53 26 E | 0 11 34 |
| Bourges (S. Etienne) | 47 4 59 | 0 3 43 E | 0 0 15 |
| Bressuire (clocher). | 46 50 32 | 2 49 45 O | 0 11 19 |
| Brest (observatoire) | 48 23 32 | 6 49 49 O | 0 27 19 |
| Brezoncas (montagne des Vosges).. | 48 11 25 | 4 48 52 E | 0 19 15 |
| Brieux (St.) (cath.). | 48 30 53 | 5 6 7 O | 0 20 24 |
| Briey (clocher)... | 49 14 59 | 3 36 8 E | 0 14 25 |
| Calais (gr. flèche).. | 50 57 33 | 0 29 0 O | 0 1 56 |
| Camargue (phare). | 43 20 30 | 2 20 30 E | 0 9 22 |
| Cambray (clocher). | 50 10 39 | 0 53 39 E | 0 3 35 |

| LIEUX. | LATITUDE boréale. | LONGITUDE. | |
|---|---|---|---|
| Canigou (Pyrén.). . | 42°31' 10" | 0° 7' 8" E | 0h 0' 29" |
| Carcassonne (S. Vincent) . . . . . . . . | 43 12 55 | 0 0 46 E | 0 0 3 |
| Carpentras (grosse tour) . . . . . . . . | 43 3 16 | 2 42 40 E | 0 10 51 |
| Castelnaudary (clocher) . . . . . . . . | 43 19 4 | 0 22 55 O | 0 1 32 |
| Cayeux (fanal). . . | 50 11 30 | 0 50 0 O | 0 3 20 |
| Cette (phare). . . . | 43 23 45 | 1 22 0 E | 0 5 28 |
| Chaberton (mont°). | 44 57 54 | 4 24 53 E | 0 17 40 |
| Chaillot (le vieux, Hautes-Alpes) . . . | 44 44 9 | 3 51 13 E | 0 15 25 |
| Châlons (sur-Marne) | 48 57 22 | 2 1 18 E | 0 8 5 |
| Chalons (sur Saône, St.-Vincent) . . . . | 46 46 51 | 2 30 59 E | 0 10 4 |
| Chartres (clocher). | 48 26 53 | 0 50 59 O | 0 3 24 |
| Chassiron (phare). . | 46 2 52 | 3 44 56 O | 0 15 0 |
| Château-Chinon (cl.) | 47 3 57 | 1 35 50 E | 0 6 23 |
| Châteaudun (cloc). | 48 4 11 | 1 0 20 O | 0 4 1 |
| Château-Salins (télégraphe) . . . . . . . | 48 50 16 | 4 7 57 E | 0 16 32 |
| Château-Thiéry (S.-Crépin) . . . . . . . . | 49 2 46 | 1 3 40 E | 0 4 15 |
| Chaume (ph. de la). | 46 29 42 | 4 7 59 O | 0 16 32 |
| Cherbourg (tour de l'église) . . . . . . . . | 49 38 34 | 3 57 39 O | 0 15 51 |
| Cinto, mont. (Corse) | 42 22 45 | 6 36 33 E | 0 26 26 |
| Ciotat (feu de la) . . . | 43 10 56 | 3 16 28 E | 0 13 6 |
| Claude (St.) cloch. | 46 23 13 | 3 31 48 E | 0 14 7 |
| Clermont (clocher). | 49 22 49 | 0 4 52 E | 0 0 19 |
| Clermont-Ferrand, (cathédrale) . . . . . | 45 46 46 | 0 44 57 E | 0 3 0 |
| Colmar (clocher). . . | 48 4 41 | 5 1 20 E | 0 20 5 |
| Colomby (de Jex, Jura) . . . . . . . . . . | 46 19 21 | 3 39 33 E | 0 14 38 |
| Commerce (feu). . . | 47 15 27 | 4 35 12 E | 0 18 21 |

| LIEUX. | LATITUDE boréale. | LONGITUDE. | |
|---|---|---|---|
| Compiègne (Saint-Jacques)........ | 49°25' 3" | 0°29' 27"E | 0h 1' 58" |
| Corbeil (St.-Spire). | 48 36 44 | 0 8 45 E | 0 0 35 |
| Cordouan (tour)... | 45 35 14 | 3 30 39 O | 0 14 3 |
| Coutance (tour du cœur).......... | 49 2 54 | 3 46 53 O | 0 15 8 |
| Coyer (le grand, B.-Alpes).......... | 44 6 1 | 4 21 12 E | 0 17 25 |
| Cret de chaleur (Jura)............ | 46 15 3 | 3 31 3 E | 0 14 4 |
| Cret de la neige, (Jura).......... | 46 16 23 | 3 36 29 E | 0 14 26 |
| Cylindre (Pyrenn.). | 42 41 9 | 2 18 50 O | 0 9 15 |
| Dax (t.r de Borda). | 43 42 43 | 3 24 4 O | 0 13 36 |
| Denys (St.) la flèche. | 48 56 11 | 0 1 21 E | 0 0 5 |
| Diez (St.) S. Martin. | 48 17 4 | 4 36 47 E | 0 18 27 |
| Dieppe (fl de M.)... | 49 55 40 | 1 15 10 O | 0 5 1 |
| Dijon (Ste Bénigne). | 47 19 19 | 2 41 54 E | 0 10 48 |
| Dôle (cathédrale).. | 47 5 33 | 3 9 29 E | 0 12 38 |
| Dôle (la) Jura..... | 46 25 32 | 3 45 50 E | 0 15 3 |
| Douay (St-Pierre).. | 50 22 15 | 0 44 41 E | 0 2 59 |
| Dreux (hôt. de ville). | 48 44 10 | 0 58 10 O | 0 3 53 |
| Dunkerque (la tour). | 51 2 12 | 0 2 23 E | 0 0 10 |
| Elions (les trois), Hautes-Alpes.... | 45 7 39 | 4 0 1 E | 0 16 0 |
| Epernay (St.-Laur.). | 49 2 52 | 1 36 47 E | 0 6 27 |
| Épinal (cl. de l'hop.) | 48 10 24 | 4 6 32 E | 0 16 26 |
| Etampes (clocher le plus Est)........ | 48 26 8 | 0 10 22 O | 0 0 41 |
| Etaples (clocher).. | 50 30 52 | 0 41 39 O | 0 2 47 |
| Evaux (clocher)... | 46 10 37 | 0 8 58 E | 0 0 36 |
| Evreux (cathédr.).. | 49 1 30 | 1 11 9 O | 0 4 45 |
| Faucille (col de la) Jura............ | 46 22 12 | 3 40 56 E | 0 14 44 |
| Fécamp (feu de marée............. | 49 45 50 | 1 58 0 O | 0 7 52 |

| LIEUX. | LATITUDE boréale. | LONGITUDE. | |
|---|---|---|---|
| Fontenay (Not.-D.) | 46°28' 4" | 3° 8'41"O | 0h12'35" |
| Forcalquier (grosse tour) | 43 57 34 | 3 26 41 E | 0 13 47 |
| Four (phare du) | 47 17 53 | 4 58 18 O | 0 19 53 |
| Frehel (ph. du cap) | 48 41 5 | 4 39 24 O | 0 18 38 |
| Gatteville (ph. de) | 49 41 52 | 3 36 10 O | 0 14 25 |
| Gex (cl. en ruines) | 46 20 11 | 3 43 23 E | 0 14 54 |
| Granville (phare) | 48 50 7 | 3 35 1 O | 0 15 40 |
| Gien (clocher) | 47 41 9 | 0 17 40 E | 0 1 11 |
| Grenoble (la Bastide) | 45 11 57 | 3 23 20 E | 0 13 33 |
| Groix (phare prov.) | 47 38 5 | 5 45 22 O | 0 23 1 |
| Guérande (cloch.) | 47 19 44 | 4 46 0 O | 0 19 4 |
| Hâvre (le) feu du port | 49 29 0 | 2 13 45 O | 0 8 55 |
| Heaux (phare des) | 48 54 37 | 5 25 34 O | 0 21 42 |
| Hève (ph. du sud) | 49 30 43 | 2 16 7 O | 0 9 4 |
| Homck (mont.), Vosges | 48 2 17 | 4 40 50 E | 0 18 43 |
| Honfleur (fanal d'aval) | 49 25 25 | 2 6 10 O | 0 8 25 |
| Honorat (St.) chât. | 43 30 19 | 4 42 41 E | 0 18 51 |
| Inganville (clocher) | 40 50 19 | 1 39 2 O | 0 6 36 |
| Issoudun (la grande tour) | 46 56 54 | 0 20 49 O | 0 1 23 |
| Jean-de-Luz (Saint) clocher | 43 23 32 | 4 0 5 O | 0 16 0 |
| Langres (cathédr.) | 47 51 53 | 2 59 55 E | 0 12 0 |
| Laons (tr de l'hor.) | 49 33 54 | 1 17 19 E | 0 5 9 |
| Lectoure (tour principale) | 43 56 5 | 1 42 51 O | 0 6 51 |
| Lille (dôme de la Madeleine) | 50 38 44 | 0 43 33 E | 0 2 54 |
| Limoges (clocher) | 45 49 52 | 1 4 48 O | 0 4 19 |
| Loches (la grande tour) | 47 7 32 | 1 20 25 O | 0 5 22 |

| LIEUX. | LATITUDE boréale. | LONGITUDE. | |
|---|---|---|---|
| Lons-le-Saulnier (les cordeliers)..... | 46°40' 28" | 3° 13' 11" E | 0h 12' 53" |
| Lorient (tour du pt) | 47 44 46 | 5 41 28 O | 0 22 46 |
| Lornel (feu du port). | 50 32 30 | 0 45 0 O | 0 3 0 |
| Loudun (St.-Pierre) | 47 0 37 | 2 15 15 O | 0 9 1 |
| Luçon (la flèche).. | 46 27 18 | 3 20 17 O | 0 13 21 |
| Lunéville (tour-méridien)........ | 48 35 35 | 4 9 22 E | 0 16 37 |
| Lure (mt B.-A.).. | 44 7 23 | 3 27 58 E | 0 13 52 |
| Lyon (Notre-Dame de Fourvière)... | 45 45 44 | 2 29 10 E | 0 9 57 |
| Mâcon (tour St-Vt). | 46 18 24 | 2 29 53 E | 0 10 0 |
| Maladetta (pic ox.) Pyrénées....... | 42 38 50 | 1 41 52 O | 0 6 47 |
| — (pic or.) ou Nethon......... | 42 37 54 | 1 40 53 O | 0 6 44 |
| Malo (St.) clocher.. | 48 39 0 | 4 21 47 O | 0 17 27 |
| Mans (le) tr S. Julien | 48 0 35 | 2 8 19 O | 0 8 33 |
| Mantes (tour occidentle de l'égl.).. | 48 59 28 | 0 37 0 O | 0 2 28 |
| Marboré (tour du) Pyrénées...... | 42 41 19 | 2 21 54 O | 0 9 28 |
| Marcelin (St.) cloc. | 54 9 18 | 2 59 9 E | 0 11 57 |
| Marennes (clocher). | 45 49 20 | 3 26 40 O | 0 13 47 |
| Marmande (tour).. | 46 57 4 | 1 49 41 O | 0 7 19 |
| Marseille (observ.). | 43 17 52 | 3 1 48 E | 0 12 7 |
| Mathieu (St.) phare) | 48 19 51 | 7 6 33 O | 0 28 26 |
| Maupas (tuc de) Py. | 42 42 7 | 1 47 33 O | 0 7 10 |
| Meaux (aig.le S.-E.) | 48 57 39 | 0 32 31 E | 0 2 10 |
| Meïdje (la) H.-A... | 45 0 18 | 3 58 20 E | 0 15 53 |
| Melun (St.-Barth.). | 48 32 32 | 0 19 10 E | 0 1 17 |
| Menehould (Sainte) clocher........ | 49 5 27 | 2 33 34 E | 0 10 14 |
| Metz (cathédrale). | 49 7 14 | 3 50 23 E | 0 15 22 |
| Mézières (clocher). | 49 45 43 | 2 22 46 E | 0 9 31 |
| Mouges (les) B.-A. | 44 15 46 | 3 51 28 E | 0 15 26 |

| LIEUX. | LATITUDE boréale. | LONGITUDE. | |
|---|---|---|---|
| Montargis (tour de l'horloge) ..... | 47°59' 59" | 0°23' 27"E | 0h 1' 34" |
| Montauban (Saint-Jacques) ...... | 44 1 6 | 0 59 6 O | 0 3 56 |
| Montbelliard (tour du sud, château). | 47 30 36 | 4 27 56 E | 0 17 52 |
| Montcal (Pyrén..) | 42 40 21 | 0 55 54 O | 0 3 44 |
| Montdidier (cloch.) | 49 39 0 | 0 13 50 E | 0 0 55 |
| Mont d'Or....... | 45 31 43 | 0 28 38 E | 0 1 55 |
| Montmédy (tour N). | 49 31 6 | 3 1 32 E | 0 12 6 |
| Montperdu (Pyrén.) | 42 40 35 | 2 18 14 O | 0 9 13 |
| Montreuil-sur-Mer (beffroy)...... | 50 27 54 | 0 34 24 O | 0 2 18 |
| Mortagne (clocher). | 48 31 20 | 1 47 27 O | 0 7 10 |
| Mourrié-de-Cheniez (Basses-Alpes).. | 43 50 30 | 4 0 52 E | 0 16 3 |
| Nancy (clocher)... | 48 41 31 | 3 51 0 E | 0 15 24 |
| Nantes (cathédrale). | 47 13 8 | 3 53 18 O | 0 15 33 |
| Narbonne (cathéd.) | 43 11 8 | 0 40 0 E | 0 2 40 |
| Neufchatel (cath.) | 49 43 57 | 0 53 41 O | 0 3 35 |
| Nevers (St-Cyr)... | 49 59 15 | 0 49 15 E | 0 3 17 |
| Niort (Notre-Dame) | 46 19 54 | 2 48 13 O | 0 11 13 |
| Nîmes (tour Magne) | 43 50 36 | 2 0 46 E | 0 8 3 |
| Nouvelle (la) feu du port.......... | 43 1 0 | 0 43 30 E | 0 2 4 |
| Olonne (les Sables d') clocher..... | 46 29 48 | 4 7 25 O | 0 16 30 |
| Omer (St.) clocher. | 50 44 53 | 0 5 3 O | 0 0 20 |
| Orange (le télégr.). | 44 7 57 | 2 28 15 E | 0 9 53 |
| Orléans (la flèche). | 47 54 9 | 0 25 35 O | 0 1 42 |
| Ouessant (phare).. | 48 28 31 | 7 25 43 O | 0 29 35 |
| Oystreham (fanal). | 49 16 35 | 2 35 30 O | 0 10 22 |
| Paimbœuf (clocher) | 47 17 18 | 4 22 20 O | 0 17 29 |
| Paris (observatoire). | 48 50 13 | 0 0 0 | 0 0 0 |
| Pau (tour du chât.) | 43 17 44 | 2 42 48 O | 0 10 51 |
| Pelée (Ile) f. du port | 59 40 16 | 3 55 15 O | 0 15 41 |

| LIEUX. | LATITUDE boréale. | | | LONGITUDE. | | | | | | |
|---|---|---|---|---|---|---|---|---|---|---|
| Pelvoux (le grand) Hautes-Alpes. . . | 44°53' 56" | | | 4° 3' 52" E | | | | 0h 16' 15" | | |
| Penmarch (phare). | 47 | 47 | 52 | 6 | 42 | 55 | O | 0 | 26 | 51 |
| Peronne (tour). . . | 49 | 55 | 47 | 0 | 35 | 54 | E | 0 | 2 | 24 |
| Perpignan (t^r N.-O.) | 42 | 42 | 3 | 0 | 33 | 55 | E | 0 | 2 | 16 |
| Pic-du midi (de Bigorre.) . . . . . . . | 42 | 56 | 17 | 2 | 11 | 49 | O | 0 | 8 | 47 |
| Pic Posets (Pyrén.) | 42 | 39 | 19 | 1 | 54 | 10 | O | 0 | 7 | 37 |
| Pilier (phare de). . | 47 | 2 | 36 | 4 | 41 | 54 | O | 0 | 18 | 48 |
| Pithiviers (flèche). . | 48 | 10 | 28 | 0 | 4 | 50 | O | 0 | 0 | 19 |
| Planiez (phare). . . | 43 | 11 | 57 | 2 | 53 | 38 | E | 0 | 11 | 35 |
| Poligny (St.-Hyp.) | 46 | 50 | 16 | 3 | 22 | 27 | E | 0 | 13 | 30 |
| Pontoise (clocher). | 49 | 3 | 5 | 0 | 14 | 23 | O | 0 | 0 | 58 |
| Provins (lant. du dôme) . . . . . . . . | 48 | 33 | 41 | 0 | 57 | 19 | E | 0 | 3 | 49 |
| Puy-de-Dôme. . . . . | 45 | 46 | 23 | 0 | 37 | 39 | E | 0 | 2 | 31 |
| Quentin (St.). . . . | 49 | 50 | 55 | 0 | 57 | 13 | E | 0 | 3 | 49 |
| Querqueville (ph). | 48 | 50 | 7 | 3 | 55 | 1 | O | 0 | 15 | 40 |
| Reculet-de-Thierry (Jura.) . . . . . . . | 46 | 15 | 26 | 3 | 35 | 37 | E | 0 | 14 | 22 |
| Remiremont (cloc.) | 48 | 0 | 58 | 4 | 15 | 18 | E | 0 | 17 | 1 |
| Rethel (cathédrale). | 49 | 30 | 43 | 2 | 1 | 48 | E | 0 | 8 | 7 |
| Rheims (cathédr.). . | 49 | 15 | 15 | 1 | 41 | 49 | E | 0 | 6 | 47 |
| Rhodez (clocher). . | 44 | 21 | 5 | 0 | 14 | 15 | E | 0 | 0 | 57 |
| Riez (St.-Maxime). | 43 | 49 | 15 | 3 | 45 | 37 | E | 0 | 15 | 2 |
| Roche-Brune (H. A) | 44 | 49 | 20 | 4 | 27 | 5 | E | 0 | 17 | 48 |
| Rochefort (hopital). | 45 | 50 | 39 | 3 | 18 | 4 | O | 0 | 13 | 12 |
| Rochelle (la) t. d.l.l. | 46 | 9 | 24 | 3 | 29 | 40 | O | 0 | 13 | 59 |
| Rocroy (clocher.). . | 49 | 55 | 32 | 2 | 11 | 5 | E | 0 | 8 | 44 |
| Romorantin (clo.). . | 47 | 21 | 26 | 0 | 55 | 32 | O | 0 | 2 | 22 |
| Rouen (cathédrale). | 49 | 26 | 29 | 1 | 14 | 32 | O | 0 | 4 | 58 |
| Rubren (H.-A.). . . | 44 | 57 | 10 | 4 | 36 | 49 | E | 0 | 18 | 27 |
| Saintes (Sainte-Eutrope) . . . . . . . . | 45 | 44 | 40 | 2 | 58 | 44 | O | 0 | 11 | 55 |
| Sancerre (clocher). | 47 | 19 | 52 | 0 | 30 | 7 | E | 0 | 2 | 0 |
| Sarrebourg (télég.). | 48 | 44 | 59 | 4 | 42 | 9 | E | 0 | 18 | 49 |

| LIEUX. | LATITUDE. boréale. | | | LONGITUDE. | | | | | | |
|---|---|---|---|---|---|---|---|---|---|---|
| Saumur (clocher).. | 47°15' 73" | | | 2°24' 40" | | | O | 0h 9' 39" | | |
| Saverne (gr. cloch.) | 48 | 44 | 30 | 5 | 1 | 42 | E | 0 | 20 | 7 |
| Schelestadt (cloch.) | 48 | 15 | 39 | 5 | 7 | 15 | E | 0 | 20 | 29 |
| Sedan (cathédrale) tour du nord.... | 49 | 42 | 6 | 2 | 36 | 40 | E | 0 | 10 | 27 |
| Seez (clocher le moins élevé)... | 48 | 36 | 21 | 2 | 9 | 53 | O | 0 | 8 | 40 |
| Senlis (cathédrale). | 49 | 12 | 27 | 0 | 14 | 57 | E | 0 | 1 | 0 |
| Sever (égl. princip). | 43 | 45 | 38 | 2 | 54 | 42 | O | 0 | 11 | 39 |
| Socoa (feu du port). | 43 | 23 | 44 | 4 | 1 | 28 | O | 0 | 16 | 6 |
| Soissons (cathédr.) | 49 | 22 | 53 | 0 | 59 | 18 | E | 0 | 3 | 57 |
| Strasbourg (la flèc.) | 48 | 34 | 57 | 5 | 24 | 54 | E | 0 | 21 | 40 |
| Thabor (H.-Alpes). | 45 | 6 | 51 | 4 | 13 | 40 | E | 0 | 16 | 55 |
| Thionville (tour de l'horloge)....... | 49 | 21 | 30 | 3 | 49 | 53 | E | 0 | 15 | 20 |
| Toul (tourelle Saint-Gengoult)....... | 48 | 40 | 32 | 3 | 33 | 14 | E | 0 | 14 | 13 |
| Toulon (l'observat.) | 43 | 7 | 28 | 3 | 35 | 37 | E | 0 | 14 | 22 |
| Fouques (fanal d'amont)......... | 49 | 21 | 30 | 2 | 15 | 45 | O | 0 | 9 | 3 |
| Touquet (baie d'Étaples)......... | 50 | 31 | 0 | 0 | 44 | 30 | O | 0 | 2 | 58 |
| Tour-du-pin (la) chapelle........... | 45 | 31 | 7 | 3 | 7 | 49 | E | 0 | 12 | 31 |
| Tours (St-Gratien). | 47 | 23 | 47 | 1 | 38 | 35 | O | 0 | 6 | 34 |
| Treport (feu de marée).......... | 50 | 3 | 45 | 0 | 57 | 50 | O | 0 | 3 | 51 |
| Trévoux (gr. tour). | 45 | 56 | 37 | 2 | 26 | 19 | E | 0 | 9 | 45 |
| Tromouse (Pyrén.). | 42 | 43 | 23 | 2 | 12 | 5 | O | 0 | 8 | 48 |
| Valence (cathédr.). | 44 | 55 | 55 | 2 | 33 | 9 | E | 0 | 10 | 13 |
| Valenciennes (beff.) | 50 | 21 | 29 | 1 | 11 | 12 | E | 0 | 4 | 45 |
| Valery-en-Caux (S.) feu............ | 49 | 52 | 40 | 1 | 37 | 40 | O | 0 | 6 | 31 |
| Valery-sur-Somme, (clocher)....... | 50 | 11 | 22 | 0 | 42 | 23 | O | 0 | 2 | 50 |
| Vannes (St. Pierre). | 47 | 39 | 31 | 5 | 5 | 41 | O | 0 | 20 | 23 |

| LIEUX. | LATITUDE boréale. | LONGITUDE. | |
|---|---|---|---|
| Vendôme (flèche).. | 47° 47' 30" | 1° 16' 7 " O | 0h 5' 4" |
| Vendres (Port) feu du port........ | 42 31 25 | 0 46 30 E | 0 3 6 |
| Ventoux (mont) B.-Alpes......... | 44 10 27 | 2 56 31 E | 0 11 46 |
| Verdun (clocher)... | 46 53 47 | 2 41 18 E | 0 10 45 |
| Versailles (S. Louis). | 48 47 56 | 0 12 44 O | 0 0 51 |
| Vervins (clocher).. | 49 50 8 | 0 34 16 E | 0 6 17 |
| Vignemalle (Pyrénées orientales).. | 42 46 29 | 2 29 8 O | 0 9 57 |
| Villefranche (cl.).. | 45 59 21 | 2 22 51 E | 0 9 32 |
| Vitry-le-Français, (cathédrale.)... | 48 43 34 | 2 15 0 E | 0 9 0 |
| Vouziers (la flèche). | 49 23 53 | 2 22 6 E | 0 9 28 |
| Yeu (Ile d') cloch.. | 46 42 25 | 4 40 8 O | 0 18 41 |
| Yvetot (la flèche)... | 49 37 3 | 1 35 2 O | 0 6 20 |

*Table des dilatations linéaires qu'éprouvent différentes substances, depuis le terme de la congélation de l'eau jusqu'à celui de son ébullition, d'après MM. Laplace et Lavoisier.*

| NOM DES SUBSTANCES. | DILATATIONS. en décimales, | en fractions ordinaires. |
|---|---|---|
| Acier non trempé. . . . . . . | 0,0010791. | $\frac{1}{927}$ |
| Argent de coupelle. . . . . . | 0,0019097. | $\frac{1}{524}$ |
| Cuivre rouge. . . . . . . . . . | 0,0017173. | $\frac{1}{582}$ |
| Cuivre jaune ou laiton. . . . | 0,0018782. | $\frac{1}{533}$ |
| Étain de Falmouth. . . . . . | 0,0021730. | $\frac{1}{462}$ |
| Fer doux forgé. . . . . . . . | 0,0012205. | $\frac{1}{819}$ |
| Fer rond passé à la filière. . . | 0,0012350. | $\frac{1}{812}$ |
| Flint-glass anglais. . . . . . | 0,0008117. | $\frac{1}{1248}$ |
| Or de départ. . . . . . . . . | 0,0014661. | $\frac{1}{682}$ |
| Or au titre de Paris. . . . . . | 0,0015515. | $\frac{1}{645}$ |
| Platine. . . . . . . . . . . . . | 0,0008565. | $\frac{1}{1167}$ |
| Plomb. . . . . . . . . . . . . . | 0,0028424. | $\frac{1}{351}$ |
| Verre de St-Gobain. . . . . . | 0,0008909 | $\frac{1}{1122}$ |

Le mercure se dilate, en volume, depuis zéro jusqu'à l'eau bouillante. 0,018018. $= \frac{100}{5550}$

| | | |
|---|---|---|
| L'eau de. . . . . . . . . . . . | 0,0433 | $= \frac{1}{23}$ |
| L'alcool de. . . . . . . . . . | 0,1100 | $= \frac{1}{9}$ |
| Tous les gaz de. . . . . . . | 0,375 | $= \frac{100}{267}$ |

FIN.

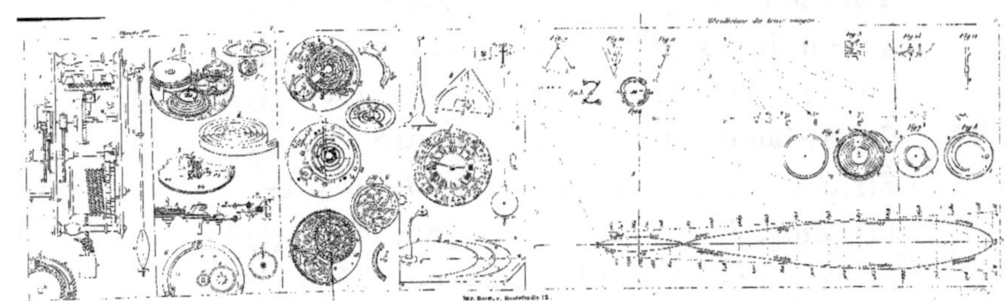

# TABLE DES ARTICLES.

*Indication des règles à mettre en usage pour faire servir les montres astronomiques.*



## SUPPLÉMENT.

FIN DE LA TABLE.

---

TOUL, IMPRIMERIE DE Ve BASTIEN.

www.ingramcontent.com/pod-product-compliance
Lightning Source LLC
LaVergne TN
LVHW020601230826
846091LV00002B/558

*9782019686529*